기초 수학

송병철·김병문·손성익·김현동

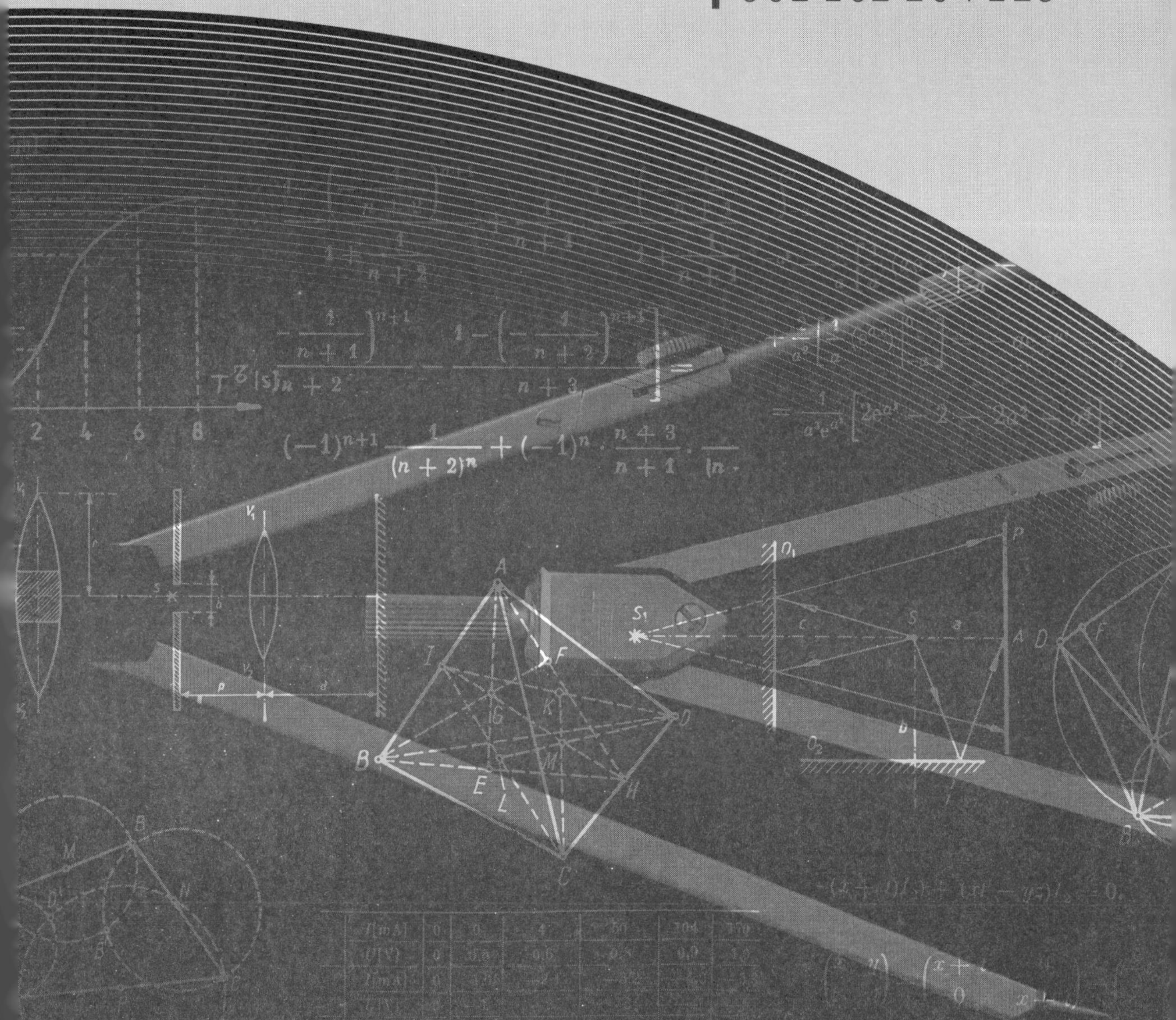

KM 경문사

머리말

안녕하세요,

'기초수학' 교재를 통해 여러분과 만나게 되어 기쁩니다. 본 교재는 대학에서 기초수학을 공부하고자 하는 학생들을 위해 집필되었습니다. 수학은 인류가 쌓아온 지식의 기초이자, 현대 과학과 기술의 언어입니다. 또한, 과학과 공학의 기초가 되는 중요한 학문이며, 우리의 일상생활에서도 그 응용이 매우 널리 퍼져 있습니다. 특히, 인공지능과 데이터사이언스가 사회 곳곳에서 활발하게 응용되고 있는 현시대에 수학의 중요성은 더욱 강조되고 있습니다.

인공지능(Artificial Intelligence)은 기계가 인간과 비슷한 지능적 행동을 할 수 있도록 하는 기술로, 그 근간에는 수학적 원리와 알고리즘이 자리 잡고 있습니다. 예를 들어, 딥러닝(Deep Learning) 알고리즘은 선형대수학과 미분방정식의 응용입니다. 따라서, 기초수학을 탄탄하게 학습하는 것은 인공지능을 이해하고 응용하는 데 있어 필수적인 첫걸음입니다.

데이터사이언스(Data Science)는 방대한 데이터로부터 유의미한 정보를 추출하고, 이를 기반으로 의사결정을 내리는 학문입니다. 데이터사이언스의 핵심 분석 기법은 수학적 사고를 요구합니다. 예를 들어, 회귀분석(Regression Analysis)과 같은 예측 모델은 수학적 함수의 형태로 표현되며, 이를 최적화하는 과정에서 미적분학의 개념이 사용됩니다. 데이터의 시각화 또한 기하학적 이해를 필요로 하며, 이를 통해 데이터의 패턴과 경향을 해석할 수 있습니다.

본 교재에서는 이러한 현대 과학 기술의 '기초'가 되는 수학적 개념들을 체계적으로 다룹니다. 수학의 기본 개념과 원리를 익히는 데 중점을 두고 교재의 내용을 구성하였으며, 이를 통해

복잡한 문제를 해결하는 능력을 배양하고자 합니다. 각 장마다 기초적인 개념을 설명하고, 다양한 예제와 연습 문제를 통해 이를 이해할 수 있도록 구성하였습니다.

수학을 공부하면서 종종 어려움에 부딪히기도 할 것입니다. 그러나 이러한 어려움을 극복해 나가는 과정에서 우리는 사고력과 문제 해결 능력을 기를 수 있습니다. 수학은 어렵고 복잡한 과목이라는 선입견도 있지만, 차근차근 기초를 다지고 이해를 쌓아나간다면 성공적으로 학습할 수 있을 것입니다. 여러분이 본 교재를 통해 수학에 대한 자신감과 성취감을 가지게 되고, 더 나아가 수학의 아름다움을 발견하는 계기가 되기를 바랍니다.

저자 일동

차 례

머리말 iii

차 례 v

제 1 장 식의 기초 1

1.1 식의 기초 1

제 2 장 방정식과 부등식 25

2.1 일차, 이차방정식 25

2.2 고차방정식, 연립방정식 32

2.3 부등식 41

제 3 장 좌표평면과 벡터 47

3.1 벡터의 기본 47

3.2 평면상의 직선 56

3.3 원과 타원의 방정식 60

제 4 장 함수 67

4.1 집합의 표현과 연산 67

4.2 함수의 개념과 연산 75

4.3 역함수 82

4.4 함수의 그래프 89

4.5 그래프의 조작 96

4.6 이차함수, 유리함수, 무리함수의 그래프 108

제 5 장 수열 125

5.1 수열의 개념 125

5.2 등차수열과 등비수열 128
5.3 합의 기호 Σ 134
5.4 수열의 극한 143
5.5 무한급수 149

제 6 장 지수함수와 로그함수 155

6.1 지수함수 155
6.2 로그함수 162
6.3 지수방정식과 로그방정식 171

제 7 장 삼각함수 177

7.1 각도와 호도법 177
7.2 삼각비와 삼각함수 184
7.3 삼각함수의 그래프와 성질 197
7.4 중요 공식 202

제 8 장 행렬 213

8.1 행렬의 개념 213
8.2 행렬의 연산 215
8.3 역행렬 220

제 1 장
식의 기초

1.1 식의 기초

1.1.1 지수법칙

자연수 n과 실수 a에 대하여 a의 n제곱 a^n은 a를 n번 곱합 수로, a^{-n}은 a^n의 역수, $a^0 = 1$로 정의한다. 이 때 n을 지수, a를 밑이라 한다.

자연수 n과 양수 a에 대하여 $b^n = a$를 만족하는 양수 b를 a의 n**제곱근**이라 하고 $a^{\frac{1}{n}}$(또는 $\sqrt[n]{a}$)으로 나타낸다. 만약 a가 음수라면 식 $b^n = a$는 n이 홀수이고, b가 음수일 때 한해서 성립한다.

따라서 홀수 n과 음수 a에 대하여 $a^{\frac{1}{n}}$을 $b^n = a$를 만족하는 음수로 정의한다. b가 a의 n제곱근일 때 b^m을 $a^{\frac{m}{n}}$으로 정의한다.

정의 1.1

1. n이 자연수이고, a가 실수일 때,
   - $a^n = \underbrace{a \cdot a \cdot a \cdots a}_{n}$
   - $a^{-n} = (a^n)^{-1} = a^{\frac{1}{n}}$
   - $a^0 = 1$
2. m, n이 자연수이고, $a > 0$일 때,
   - $b^n = a, \quad b > 0 \Leftrightarrow a^{\frac{1}{n}} = b$
   - $a^{\frac{m}{n}} = (a^{\frac{1}{n}})^m$

3. n이 홀수이고 $a<0$일 때,

- $a^{\frac{1}{n}} = b \Leftrightarrow b^n = a, \quad b < 0$

※ 위에서 $a>0$ 일 때, 유리수 α 에 대하여 a^α를 정의할 수 있었는데, 만약 α 가 무리수라 하면, a^α을 α 로 수렴하는 유리수열 x_n 에 대하여 a^{x_n} 의 극한으로 정의한다.

정리 1.1 지수법칙

유리수 p, q와 양의 실수 a, b에 대하여 다음이 성립한다.

1. $a^p \cdot a^q = a^{p+q}$
2. $a^p \div a^q = a^{p-q}$
3. $(a^p)^q = a^{pq}$
4. $(ab)^p = a^p \cdot b^p$
5. $\left(\frac{a}{b}\right)^p = \frac{a^p}{b^p}$

예제 1.1

다음을 계산하여라.

1. $(\frac{1}{2})^3$ 2. $(\frac{1}{2})^3$ 3. $\frac{1}{3^{-2}}$ 4. 24^0

풀이

1. $\left(\frac{1}{2}\right)^3 = \frac{1}{2} \cdot \frac{1}{2} \cdot \frac{1}{2} = \frac{1}{8}$
2. $(\frac{1}{2})^{-2} = \left(\frac{1}{4}\right)^{-1} = 4$
3. $\frac{1}{3^{-2}} = \left(\frac{1}{3}\right)^{-2} = \left(\frac{1}{9}\right)^{-1} = 9$
4. $24^0 = 1$

문제 1.1

다음을 계산하여라.

1. $\left(\frac{3}{2}\right)^{-2}$
2. $(-2)^{-2}$
3. $((-2)^{-2})^{-2}$
4. $\frac{3^{-2}}{2^{-3}}$

예제 1.2

다음을 계산하여라.

1. $\sqrt[3]{27}$
2. $(-8)^{\frac{2}{3}}$
3. $4\frac{3}{2}$
4. $(-1)^0$

풀이

1. $3^3 = 27$ 이므로, $\sqrt[3]{27} = \sqrt[3]{3^3} = (3^3)^{\frac{1}{3}} = 3^{3 \cdot \frac{1}{3}} = 3^1 = 3$

2. $(-2)^3 = -8$ 이므로, $(-8)^{\frac{2}{3}} = ((-2)^3)^{\frac{2}{3}} = (-2)^{3 \cdot \frac{2}{3}} = (-2)^2 = (-2) \cdot (-2) = 4$

3. $4^{\frac{3}{2}} = (2^2)^{\frac{3}{2}} = 2^{2 \cdot \frac{3}{2}} = 2^3 = 2 \cdot 2 \cdot 2 = 8$

4. $(-1)^0 = 1$

예제 1.3

다음을 계산하여라.

1. $\sqrt[5]{-1}$
2. $(-8)^{\frac{2}{3}}$
3. $(-8)^{-\frac{2}{3}}$
4. $\sqrt[4]{\dfrac{1}{16}}$

예제 1.4

다음을 간단히 하여라.

1. $2^4 \cdot 2^{-\frac{1}{2}}$
2. $x > 0$일 때, $x^{5.2} \div x^{3.7}$
3. $(4 \cdot x^4)^{\frac{3}{2}}$
4. $x > 0$일 때, $(\dfrac{2}{x})^{-3}$
5. $\sqrt[3]{2} \cdot \sqrt[3]{4}$
6. $\sqrt[4]{\sqrt[3]{\sqrt{2}}}$
7. $x < 0$일 때, $x^{\frac{1}{3}} \cdot x^{\frac{2}{3}}$

풀이

1. $2^4 \cdot 2^{-\frac{1}{2}} = 2^{4-\frac{1}{2}} = 2^{\frac{8}{2}} - \dfrac{1}{2} = 2^{\frac{7}{2}}$

2. $x^{5.2} \div x^{3.7} = x^{5.2-3.7} = x^{1.5}$

3. $(4x^4)^{\frac{3}{2}} = 4^{\frac{3}{2}} \cdot x^{4\cdot\frac{3}{2}} = (2^2)^{\frac{3}{2}} \cdot x^{2\cdot 3} = 2^3 \cdot x^6 = 8 \cdot x^6$

4. $(\dfrac{2}{x})^{-3} = (2 \cdot x^{-1})^{-3} = 2^{-3} \cdot (x^{-1})^{-3} = \dfrac{1}{8} \cdot x^3 = \dfrac{x^3}{8}$

5. $\sqrt[3]{2} \cdot \sqrt[3]{4} = 2^{\frac{1}{3}} \cdot (2^2)^{\frac{1}{3}} = 2^{\frac{1}{3}} \cdot 2^{\frac{2}{3}} = 2^{\frac{1}{3}+\frac{2}{3}} = 2^1 = 2$

6. $\sqrt[4]{\sqrt[3]{\sqrt{2}}} = ((2^{\frac{1}{2}})^{\frac{1}{3}})^{\frac{1}{4}} = (2^{\frac{1}{2}\cdot\frac{1}{3}})^{\frac{1}{4}} = (2^{\frac{1}{6}})^{\frac{1}{4}} = 2^{\frac{1}{6}} \cdot \dfrac{1}{4} = 2^{\frac{1}{24}} = \sqrt[24]{2}$

7. $x^{\frac{1}{3}} \cdot x^{\frac{2}{3}} = x^{\frac{1}{3}+\frac{2}{3}} = x^1 = x$

문제 1.2

다음을 간단히 하여라.

1. $(3^{-1}x^2)^3$
2. $\sqrt[3]{\sqrt[4]{3}}$
3. $\sqrt[3]{81}$
4. $(2x^2y)^{-1}(x^3y^2)^2$
5. $(-\dfrac{8}{27})^{\frac{4}{3}}$
6. $\sqrt[3]{27x^9y^{-3}}$

연습문제

1. 다음을 간단히 하여라.

(a) $a^2 \cdot a^{-3}$ (b) $0.09^{-\frac{1}{2}}$

(c) $16^{-\frac{3}{4}}$ (d) $36^{-1.5}$

2. 다음 식을 간단히 하여라.

(a) $\sqrt[3]{\frac{8}{x^6}}$ (b) $\left(\frac{8x^3}{125}\right)^{\frac{2}{3}}$

(b) $\left(\frac{81}{x^{12}}\right)^{-\frac{3}{4}}$ (d) $\frac{(9xy)^{\frac{3}{2}}}{(x^6y^2)^{\frac{1}{3}}}$

3. $P(x) = (x^{\frac{1}{2}} + x^{-\frac{1}{2}})(x^{\frac{1}{2}} - x^{-\frac{1}{2}})(x + x^{-1})(x^2 + x^{-2})$를 간단히 하여라.

4. $(\sqrt{3+2\sqrt{2}} + \sqrt{3-2\sqrt{2}})^{\frac{2}{3}}$ 을 간단히 하여라.

5. 두께가 0.1mm인 종이를 몇 번 반복해서 접었더니 전체 두께가 10cm를 넘었다. 적어도 몇 번 접었겠는가?

6. $a^{2x} = 3$일 때, 다음 값을 구하여라.

(a) $\frac{a^x + a^{-x}}{a^x - a^{-x}}$ (b) $\frac{a^{3x} + a^{-3x}}{a^x - a^{-x}}$

7. 집합 $A = \{x | x = (\frac{1}{256})^{\frac{1}{n}}, n$은 0 이 아닌 정수$\}$의 원소 중 자연수의 개수를 구하여라.

1.1.2 식의 전개와 인수분해

문자와 숫자들의 곱을 **항**이라 하고, 유한개의 항들의 합으로 이루어진 식을 **다항식**이라 한다. 다항식에서 특정한 문자의 곱한 개수가 그 문자에 대한 항의 **차수**이고, 그 문자에 곱해진 값이 그 항의 **계수**이다. 또 모든 문자에 대한 차수의 합이 그 항의 차수이다.

예를 들어, 다항식 $a^3 - 3a^2b + 2b^4 + 7$에대해서 항 $-3a^2b$의 a에 대한 차수는 2이고 b 에 대한 차수는 1이다. 또$-3a^2b$의 차수는 3이 된다.

정리 1.2

다항식 P, Q, R에 대하여 다음이 성립한다.

1. $P + Q = Q + P,\ P \cdot Q = P \cdot Q$ (교환법칙)
2. $P + (Q + R) = (P + Q) + R,\ P \cdot (Q \cdot R) = (P \cdot Q) \cdot R$ (결합법칙)
3. $P \cdot (Q + P) = P \cdot Q + P \cdot R$ (분배법칙)

예제 1.5

다음 식을 간단히 하여라.

1. $(x^3 - 2x^2y + 5xy^2) - (x^3 - 7xy^2 + y^3)$
2. $(3x^2y + 7xy^2 - 3)(x + y)$

풀이

1. $(x^3 - 2x^2y + 5xy^2) - (x^3 - 7xy^2 + y^3)$

   $= (1 - 1)x^3 + (5 + 7)xy^2 - 2x^2y - 3y^3$

   $= 12xy^2 - 2x^2y - y^3$

2. $(3x^2y + 7xy^2 - 3)(x + y) = 3x^3y + 3xy^2 + 7x^2y^2 + 7xy^3 - 3x - 3y$

문제 1.3

다음 식에서 4차식의 계수의 합을 구하여라.

1. $3x^2y - x^4y^2 + xy^3 - x^2y^2 + 7$
2. $x^4 + y^4 + 2x^2y^2$

다항식의 곱에서 괄호를 풀어 단항식들의 합으로 나타내는 것을 **다항식의 전개**라고 한다. 다항식을 전개할 때 자주 이용되는 공식은 다음과 같다.

정리 1.3 전개공식

1. $(a+b)(a-b) = a^2 - b^2$
2. $(a+b)^2 = a^2 + 2ab + b^2$
3. $(a-b)^2 = a^2 - 2ab + b^2$
4. $(a+b)^3 = a^3 + 3a^2b + 3ab^2 + b^3$
5. $(a-b)^3 = a^3 - 3a^2b + 3ab^2 - b^3$
6. $(ax+b)(cx+d) = acx^2 + (ad+bc)x + bd$

예제 1.6

다음식을 전개하여라.

1. $(x + 2\sqrt{y})(x - 2\sqrt{y})$
2. $(2x - 3y^2)^2$
3. $(\sqrt{x^2+1} + 2)(\sqrt{x^2+1} - 2)$
4. $3(x+y)(x-y)$
5. $(x + \frac{2}{x})^3$

풀이

1. $(x + 2\sqrt{y})(x - 2\sqrt{y}) = x^2 - 2x\sqrt{y} + 2x\sqrt{y} - 4\sqrt{y}\sqrt{y} = x^2 - 4y$
2. $(2x - 3y^2)^2 = 4x^2 - 12y^2 + 9y^4$
3. $(\sqrt{x^2+1} + 2)(\sqrt{x^2+1} - 2)$

$= \sqrt{x^2+1}\sqrt{x^2+1} - 2\sqrt{x^2+1} + 2\sqrt{x^2+1} + 2(-2) = x^2+1-4 = x^2-3$

4. $3(x+y)(x-y) = 3(x^2-y^2) = 3x^2-3y^3$

5. $(x+\frac{2}{x})^3 = x^3 + 3\cdot x^2 \cdot \frac{2}{x} + 3\cdot x(\frac{2}{x})^2 + (\frac{2}{x})^3 = x^3 + 3\cdot 2\cdot x^{2-1} + 3\cdot 4\cdot x^{1-2} + \frac{8}{x^3}$
$= x^3 + 6x + \frac{12}{x} + \frac{8}{x^3}$

문제 1.4

다음식을 전개하여라.

1. $(x+\sqrt{x})^3$
2. $(x+3)(x^2-3x+9)$
3. $(x-2y+1)(x+y-1)$
4. $(x-1)(x+1)(x-2)(x+2)$
5. $(x-1)(x+1)(x^2+1)(x^4+1)$
6. $(3a+2b)(9a^2-6ab+4b^2)$

다항식의 곱을 전개하는 것과 반대로 전개된 다항식을 몇 개의 다항식의 곱으로 나타내는 것을 **인수분해**라고 한다. 예를 들어 $(x-2)(x+3)$의 전개는 x^2+x-6이 되고, x^2+x-6의 인수분해는 $(x-2)(x+3)$이 된다.

정리 1.4 인수분해 공식

1. $x^2+(a+b)x+ab = (x+a)(x+b)$
2. $acx^2+(ac+bc)x+bd = (ax+b)(cx+d)$
3. $a^2-b^2 = (a+b)(a-b)$
4. $a^2+2ab+b^2 = (a+b)^2$
5. $a^2-2ab+b^2 = (a-b)^2$
6. $a^3+3a^2b+3ab^2+b^3 = (a+b)^3$
7. $a^3-3a^2b+3ab^2-b^3 = (a-b)^3$
8. $a^3+b^3 = (a+b)(a^2-ab+b^2)$
9. $a^3-b^3 = (a-b)(a^2+ab+b^2)$

10. $a^2+b^2+c^2+2ab+2bc+ca=(a+b+c)^2$

11. $a^3+b^3+c^3-3abc=(a+b+c)(a^2+b^2+c^2-ab-bc-ca)$

인수분해 공식에 대한 증명은 인수분해된 식을 전개함으로써 얻어낼 수 있다.

예제 1.7

다음식을 인수분해 하여라.

1. x^2-7x+6
2. $a^3+ab+bc+c^3$
3. $27a^3+8b^3$
4. $4a^2+9b^2+c^2-12ab-6bc+4ca$

풀이

1. $x^2-7x+6=(x-6)(x-1)$
2. $a^3+ab+bc+c^3=a^3+b^3+b(a+c)$
3. $27a^3+8b^3=(3a+2b)(9a^2-6ab+4b^2)$
4. $4a^2+9b^2+c^2-12ab-6bc+4ca=(2a-3b+c)^2$

문제 1.5

다음식을 인수분해하여라.

1. $x^2+6xy+9y^2$
2. $8x^6-27$
3. $x^3-6x^2+12x-8$
4. $8x^3-12x^2y+6xy^2-y^3$

예제 1.8

다음 식을 인수분해 하여라.

1. $2x^4-5x^2-3$
2. $(x+1)(x+2)(x+3)(x+4)-8$
3. x^3+x^2-9x-9
4. $ab(a-b)+bc(b-c)+ca(c-a)$

풀이

1. $$\begin{aligned} 2x^4 - 5x^2 - 3 &= 2(x^2)^2 - 5(x^2) - 3 = (2x^2+1)(x^2-3) \\ &= (2x^2+1)(x+\sqrt{3})(x-\sqrt{3}) \end{aligned}$$

2. $$\begin{aligned} (x+1)(x+2)(x+3)(x+4) - 8 &= (x^2+5x+4)(x^2+5x+6) - 8 \\ &= (x^2+5x)^2 + 10(x^2+5x) + 16 \\ &= (x^2+5x+2)(x^2+5x+8) \end{aligned}$$

3. $$\begin{aligned} x^3 + x^2 - 9x - 9 &= x^2(x+1) - 9(x+1) = (x^{-}9)(x+1) \\ &= (x+3)(x-3)(x+1) \end{aligned}$$

4. $$\begin{aligned} ab(a-b) + bc(b-c) + ca(c-a) &= a^2(b-c) - (b^2-c^2)a + bc(b-c) \\ &= (b-c)(a-b)(a-c) \end{aligned}$$

문제 1.6

다음 식을 인수분해하여라.

1. $x^3 - 3x^2 - 2x + 6$
2. $ax^2 - ay^2 + bx^2 - by^2$
3. $x^3 + 6x + \dfrac{12}{x} - \dfrac{8}{x^3}$
4. $x^2 - xy - 2y^2 + 3y - 1$

연습문제

1. 다음 식을 전개하여라.

(a) $(x+3)(x^2-3x+9)$

(b) $(x+y+2)(3x+2y-4)$

(c) $(x^2+x+1)^2$

(d) $(x+y)^5$

2. 다음 식을 인수분해하여라.

(a) $6a^2+ab-12b^2$

(b) $x^3-6x^2+12x-8$

(c) a^4+3a^2-4

(d) $x^4+x^2y^2+y^4$

(e) a^2+ab-c^2+bc

(f) $x^2y-x^2z+y^2z+xy^2$

(g) $x^4-5x^3+5x^2+5x-6$

(h) x^6-1

(i) $x^3y^2-14x^2y+49x$

(j) x^3-x^2-x+1

3. 다음을 계산하여라.

(a) 2011^2-2010^2

(b) $\dfrac{99^3-8}{99^2+99\times 2+4}$

4. 세변의 길이가 $a,\ b,\ c$인 삼각형이 다음을 만족한다면 이삼각형은 어떤 삼각형이 되겠는가?

5. $a+b+c=9,\ a^3+b^3+c^3=abc$일 때, $ab+bc+ca$의 값을 구하여라.

6. 다음 다항식 중 계수가 정수인 일차식의 곱으로 인수분해되는 것은 모두 몇 개인가?

$$x^2-2x-1,\ x^2-2x-2,\ \cdots,\ x^2-2x-99,\ x^2-2x-100$$

7. $x=\dfrac{1}{2+\sqrt{3}},\ y=\dfrac{1}{2-\sqrt{3}}$일 때, $x^2(y+3)+y^2(x-3)$의 값을 구하여라.

8. $a+b=2,\ b+c=1,\ c+a=4$일 때, $(a+b+c)(bc+ca+ab)-abc$의 값을 구하여라.

1.1.3 다항식의 나눗셈과 나눗셈 정리

식 $p(x) = a_0 + a_1x + \cdots + a_nx^n(a_n \neq 0)$을 n차 **다항식**이라한다. 만약 $m \leq n$이면, n 차다항식을 m차 다항식으로 나누었을 때 나머지는 $m-1$차 이하의 다항식이 된다.

예제 1.9

$x^4 - 3x^2 + x - 2$를 $x^2 + 2$로나누었을 때 몫과 나머지를 구하여라.

풀이

$$
\begin{array}{rrrrrr}
 & & 4x^2 & -11 & & \\
x^2 & +2 & 4x^4 & -3x^2 & +x & -2 \\
 & & 4x^2 & 8x^2 & & \\
\hline
 & & & -11x^2 & +x & -2 \\
 & & & -11x^2 & & -22 \\
\hline
 & & & & x & +20
\end{array}
$$

따라서 몫은 $4x^2 - 11$이고, 나머지는 $x + 20$이다.

문제 1.7

$3x^5 + 1$을 $x^2 - 2$로 나누었을 때, 몫과 나머지를 구하여라.

$p(x) = a_0 + a_1x + \cdots + a_nx^n(a_n \neq 0)$과 $q(x) = b_0 + b_1x + \cdots + b_mx^m(b_m \neq 0)$에 대해서 만약 $m \leq n$이면, $p(x) = a(x)q(x) + r(x)$가 성립하는 두 다항식 $a(x)$와 $r(x)$가 존재한다. 여기서 $r(x)$의 차수가 $m-1$ 이하이면, $a(x)$와 $r(x)$는 유일하게 결정된다. 이 때, $a(x)$를 **몫**, $r(x)$를 **나머지**라 한다.

예제 1.10

1. $x^4 + 1$을 $x^2 + 1$로 나눈 몫과 나머지를 구하여라.
2. $3x^4 - 5x^3 - 18x + 3$을 $x^2 + x + 1$로 나눈 몫과 나머지를 구하여라.

풀이

1.

$$
\begin{array}{rr|rrr}
 & & x^2 & & -1 \\
\cline{3-5}
x^2 & +1 & 4x^4 & & +1 \\
 & & x^4 & x^2 & \\
\cline{3-5}
 & & & -x^2 & +1 \\
 & & & -x^2 & -1 \\
\cline{3-5}
 & & & & 2
\end{array}
$$

몫: $x^2 - 1$, **나머지** : 2

2.

$$
\begin{array}{rrr|rrrrr}
 & & & 3x^2 & -8x & +5 & & \\
\cline{4-8}
x^2 & +x & +1 & 3x^4 & -5x^3 & & -18x & +3 \\
 & & & 3x^4 & 3x^3 & -3x^2 & -18x & +3 \\
\cline{4-8}
 & & & & -8x^3 & -3x^2 & -18x & +3 \\
 & & & & -8x^3 & -8x^2 & -8x & \\
\cline{5-8}
 & & & & & 5x^2 & -10x & +3 \\
 & & & & & 5x^2 & 5x & +5 \\
\cline{6-8}
 & & & & & & -15x & -2
\end{array}
$$

몫:$3x^2 - 8x + 5$, **나머지** : $-15x - 2$

◎ 주의 : 일반적인 정수에서 나누기를 할 때 나머지는 음수가 될 수 없지만, 다항식의 나눗셈에서 나머지는 음수가 될 수도 있다.

문제 1.8

다항식 $3x^4 - 3x^2 + 2$를 $x^2 - x + 1$로 나눈 몫과 나머지를 구하여라.

어떤 다항식을 일차식으로 나눌 때는 계수만을 이용하여 몫과 나머지를 구하는 방법으로 **조립제법**을 이용한다.

예제 1.11

$3x^4 - 2x^3 + x^2 - x + 5$를 $x - 2$로 나눈 몫과 나머지를 구하여라.

풀이

주어진 다항식의 계수를 내림차순으로 쓰고 조립제법을 적용하면 다음과 같다.

$$
\begin{array}{r|rrrrr}
2 & 3 & -2 & 1 & -1 & 5 \\
  &   & 6 & 8 & 18 & 34 \\
\hline
  & 3 & 4 & 9 & 17 & 39
\end{array}
$$

따라서 몫은 $3x^3 + 4x^2 + 9x + 17$이고, 나머지는 39다.

문제 1.9

1. $x^3 - 2x^2 + 5x - 4$를 $x - 2$로 나눈 몫과 나머지를 구하여라.
2. $3x^4 + 2x^2 - 1$을 $x^2 - x + 1$로 나눈 몫과 나머지를 구하여라.

다항식 $p(x)$를 $x-a$로 나누면 나머지는 상수가 되므로 그 상수를 b라 하면 $p(x) = q(x)(x-a)+b$로 쓸 수 있다. 이 때 식의 양변에 x 대신 a를 대입하면 $b = p(a)$라 할 수 있다. 즉 다항식 $p(x)$를 $x - a$로 나눈 나머지는 $p(a)$임을 알 수 있다. 따라서 $p(a) = 0$이 되면 $p(x)$는 $x - a$로 나누어 떨어진다.

정리 1.5 나머지 정리와 인수정리

1. 다항식 $p(x)$를 $x - a$로 나누었을 때의 나머지는 $p(a)$이다. (나머지정리)
2. 다항식 $p(x)$가 $x - a$로 나누어 떨어지기 위한 필요충분조건은 $p(a) = 0$이다. 즉 $p(a) = 0 \Leftrightarrow p(x) = (x - a)q(x)$ (인수정리)

예제 1.12

다항식 $p(x) = x^1 0 + x^5 + x^3 + 1$을 $x - 1$로 나눈 나머지는 얼마인가?

[풀이] $p(1) = 1 + 1 + 1 + 1 = 4$이므로 4이다.

문제 1.10

다항식 $p(x) = (3x+5)^{2011} + (x+3)^{912} + (2x+5)^{312}$ 을 $x+2$로 나눈 나머지를 구하여라.

예제 1.13

다항식 $p(x) = x^3 - ax^2 + 15$을 $x + 2$로 나누었을 때 나누어 떨어지기 위해서는 상수 a가 얼마나 되어야 하나?

[풀이] $p(-2) = (-2)^3 - a(-2)^2 + 15 = -8 - 4a + 15 = 0$

$\therefore 4a = 7 \ \therefore a = \dfrac{7}{4}$

예제 1.14

$x^3 + 6x^2 + ax + b$가 $x^2 + x - 12$로 나누어지도록 a와 b를 구하여라.

다항식 $p(x)$의 인수분해 방법은

- 먼저 $p(x) = 0$의 해가 되는 $x - a$를 찾아낸다.
- 위에서 찾은 a에 대해서 $p(x) = (x - a)$가 되도록 하는 $q(x)$를 생각한다.
- $q(x)$의 차수는 $p(x)$의 차수보다 1차수 작으므로 $q(x)$에 대해서 위와 같은 방법을 사용한다.

예제 1.15

$p(x) = 2x^3 + x^2 + x - 1$을 인수분해하여라.

[풀이] $p(\frac{1}{2})$=0 이므로 $p(x)$는

$$x - \frac{1}{2}$$

을 인수로 갖는다. 이는

$$p(x) = (2x - 1)q(x)$$

로 쓸 수 있고, 실제로

$$2x^3 + x^2x + -1 = (2x - 1)(x^2 + x + 1)$$

이 된다.

문제 1.11

다음식을 인수분해하여라.

1. $x^3 + x^2 - 5x + 3$
2. $4x^3 + x - 1$
3. $2x^3 + 9x^2 + x - 6$
4. $6x^3 + 7x^2 - 1$
5. $x^5 - x^4 - 16x + 16$
6. $x^6 - y^6$

연습문제

1. 근이 $x = 1, 2, 3$이고 상수항이 12가 되는 3차식 1차항의 계수를 구하여라.

2. $2x^3 + ax^2 + bx + c$를 $x^2 - 1$로 나누었을 때 나누어 떨어지고, $x + 2$로 나누었을 때 나머지가 3이 된다면, 이 다항식의 상수항 c는 얼마가 되는지 구하여라.

3. 조립제법을 이용하여 다음 다항식을 주어진 입차식으로 나눈 몫과 나머지를 구하여라.

   (a) $2x^3 + 4x^2 - 3x + 9, x - 1$
   (b) $x^3 + 2x^2 + 2, 2x + 1$

4. x에 관한 다항식 $f(x)$를 $x - 2$로 나눈 나머지가 -1, 다항식 $g(x)$를 $x - 2$로 나눈 나머지가 4일 때 $2f(x) + 4g(x)$를 $x - 2$로 나눈 나머지를 구하여라.

5. $x^4 + x^3 - 3x^2 - 4x - 4$를 인수분해하면 $(x + 2)(x - 2)(x^2 + ax + b)$가 된다. 이 때 a와 b의 값을 구하여라.

6. $x^{2006} - x^{1003} + 1$을 $x^3 + x$로 나누었을 때 나머지를 $R(x)$라 하면 $R(-2)$의 값을 구하여라.

7. 다항식$p(x) = x^3 + ax^2 + 3x + 1$에 대하여 $p(x-2)$가 $(x-3)$으로 나누어질 때 상수 a의 값을 구하여라.

8. 다항식 $p(x)$를 $x^2 - 3x + 2$로 나눈 나머지가 $3x + 1$이고, $x - 3$을 인수로 갖는다. $p(x)$를 $(x-1)(x-2)(x-3)$으로 나눈 나머지를 구하여라.

1.1.4 유리식과 무리식

$\frac{1}{x^2+x}, \frac{x^2+x+7}{2x+3}, \frac{x+1}{x^4+1}$ 등과 같이 $\frac{\text{다항식}}{\text{다항식}}$ 형태로 쓰인 식을 **유리식**(또는 분수식)이라 한다. 특히 분모가 상수인 경우의 유리식은 다항식이 된다.

A, B, C, D가 0이 아닌 다항식일 때 다음이 성립한다.

(1) $\frac{A}{D}+\frac{B}{D}-\frac{C}{D}=\frac{A+B-C}{D}$

(2) $\frac{B}{A}\times\frac{D}{C}=\frac{B\times D}{A\times D}$

(1)의 계산에서 유리식의 분모가 모두 같을 때만 덧셈과 뺄셈을 행할 수 있다. 따라서 분모가 다른 항들의 덧셈과 뺄셈에서는 각 항들의 분모를 같게 만들어 계산을 수행한다. 이를 **통분**이라고 한다.

예제 1.16

다음 식을 간단히 하여라.

1. $\frac{3}{x-1}+\frac{x}{x+2}$
2. $\frac{x+4}{x^2-5x+6}-\frac{x+4}{x^2-x-6}$
3. $\frac{x}{x^2-2x+3}+\frac{2}{x-3}$
4. $\frac{x+1}{x(x-1)}\div\frac{x^2-1}{x^2}$
5. $\frac{x}{x+1}+\frac{x}{x^2+4x+3}\div\frac{x^2-4x}{x^2-x-12}$

풀이

1. $$\frac{3}{x-1}+\frac{x}{x+2} = \frac{3(x+2)}{(x-1)(x+2)}+\frac{(x-1)x}{(x-1)(x+2)}$$
$$= \frac{3x+6+x^2-x}{(x-1)(x+2)} = \frac{x^2+2x+6}{(x-1)(x+2)}$$

2. $$\frac{x+4}{x^2-5x+6}-\frac{x+4}{x^2-x-6} = \frac{x+4}{(x-2)(x-3)}-\frac{x+4}{(x-3)(x=2)}$$
$$= \frac{(x+4)(x+2)-(x+4)(x-2)}{(x-3)(x-2)(x+2)}$$
$$= \frac{4(x+4)}{(x-3)(x-2)(x+2)}$$

3. $\dfrac{x}{x^2-2x-3}+\dfrac{2}{x-3} \quad =\dfrac{x}{(x-3)(x+1)}+\dfrac{2}{x-3}$

$$=\frac{w+2(x+1)}{(x-3)(x+1)}=\frac{3x+2}{(x-3)(x+1)}$$

4. $\dfrac{x+1}{x(x-1)}\div\dfrac{x^2-1}{x^2}=\dfrac{x+1}{x(x-1)}\cdot\dfrac{x^2}{x^{-}1}=\dfrac{(x+1)x^2}{x(x-1)^2(x+1)}=\dfrac{x}{(x-1)^2}$

5. $\dfrac{x}{x+1}+\dfrac{x}{x^2+4x+3}\div\dfrac{x^2-4x}{x^2-x-12}$

$$=\frac{x}{x+1}+\frac{x}{(x+3)(x+1)}\cdot\frac{(x-4)(x+3)}{x(x-4)}=1$$

문제 1.12

다음 식을 간단히 하여라.

1. $\dfrac{x^2+2x-8}{x^2+8x+16}$
2. $\dfrac{1}{(a-b)(b-c)}+\dfrac{1}{(b-c)(c-a)}+\dfrac{1}{(c-a)(a-b)}$
   (단, a, b, c는 서로 다른 수)
3. $\dfrac{x^2-3x+1}{x-3}-\dfrac{x^2+3x+1}{x+3}$
4. $\dfrac{1}{x(x+1)}+\dfrac{2}{(x+1)(x+3)}+\dfrac{3}{(x+3)(x+6)}$
5. $\dfrac{1}{x^2}+\dfrac{1}{x^2+2x}$
6. $x+\dfrac{2}{x+1}$

분수식의 분모와 분자가 다시 분수식일 때는 이 수식을 **번분수식**이라 한다. 번부누식의 계산은 다음과 같다. A, B, C, D가 0이 아닌 다항식일 때,

$$\frac{\frac{A}{B}}{\frac{C}{D}}=\frac{A}{B}\times\frac{D}{C}.$$

예제 1.17

다음을 간단히 하여라.

1. $\dfrac{x}{x-\dfrac{1}{x+\dfrac{1}{x}}}$

2. $\dfrac{\dfrac{x^2}{y^3}+\dfrac{1}{x}}{\dfrac{x}{y^2}-\dfrac{1}{y}+\dfrac{1}{x}}$

3. $\dfrac{x}{1-\dfrac{1}{1-x}}\times\dfrac{1+\dfrac{1}{x-1}}{1-\dfrac{1}{x^{+1}}}$

4. $\dfrac{\dfrac{1}{x+y}+\dfrac{1}{x-y}}{\dfrac{1}{x+y}-\dfrac{1}{x-y}}$

풀이

1. $$\dfrac{x}{x-\dfrac{1}{x+\dfrac{1}{x}}}=\dfrac{x}{x-\dfrac{x}{x^{+1}}}=\dfrac{x}{\dfrac{x^3+x-x}{x^2+1}}=\dfrac{x(x^2+1)}{x^3}=\dfrac{x^2+1}{x^2}$$

2. $$\dfrac{\dfrac{x^2}{y^3}+\dfrac{1}{x}}{\dfrac{x}{y^2}-\dfrac{1}{y}+\dfrac{1}{x}}=\dfrac{\dfrac{x^3+y^3}{xy^3}}{\dfrac{x^2-xy+y^2}{y^2x}}$$
$$=\dfrac{(x^3+y^3)(y^2x)}{(xy^3)(x^2-xy+y^2)}=\dfrac{(x+y)(x^2-xy+y^2)}{y(x^2-xy+y^2)}=\dfrac{x+y}{y}$$

3. $$\dfrac{x}{1-\dfrac{1}{1-x}}\times\dfrac{1+\dfrac{1}{x-1}}{1-\dfrac{x}{x^{+1}}}=\dfrac{x}{\dfrac{1-x+1}{1-x}}\times\dfrac{\dfrac{x-1+1}{x-1}}{\dfrac{x+1-1}{x+1}}=x+1$$

4. $$\dfrac{\dfrac{1}{x+y}+\dfrac{1}{x-y}}{\dfrac{1}{x+y}-\dfrac{1}{x-y}}=\dfrac{\dfrac{x-y+x+y}{(x+y)(x-y)}}{\dfrac{x-y-x-y}{(x+y)(x-y)}}=\dfrac{2x}{-2y}=-\dfrac{x}{y}$$

문제 1.13

다음 부수식의 값을 구하여라.

1. $\dfrac{1}{x(x+1)}+\dfrac{2}{(x+1)(x+3)}$

2. $\dfrac{\dfrac{1}{x-1}-\dfrac{1}{x+1}}{\dfrac{1}{x-1}+\dfrac{1}{x+1}}$

3. $\dfrac{2}{x(x+1)}+\dfrac{2}{(x+1)(x+2)}+\dfrac{2}{(x+2)(x+3)}+\cdots+\dfrac{2}{(x+9)(x+10)}$

제곱근($\sqrt{\ }$)를 포함하고 있는 유리식 또는 다항식을 **무리식**이라 한다. 무리식에서는 제곱근 안의 식이 0보다 크거나 같아야한다. 예를 들어 $\sqrt{x-1}$이 실수가 되기 위해서는 $x-1\geq 0$ 또는 $x\geq 1$이어야 한다.

예제 1.18

다음 무리식이 실수값을 갖도록 하는 x의 범위를 구하여라.

1. $3+\sqrt{x-2}+\sqrt{7-x}$
2. $\dfrac{\sqrt{2x-1}}{\sqrt{2-x}}$
3. $\sqrt{x}+\sqrt{-x}$
4. $\sqrt{4-\sqrt{x}}$

풀이

1. $x-2\geq 0$ 이고, $7-x\geq 0$ 이므로 $2\leq x\leq 7$.
2. $2x-1\geq 0$ 이고, $4-x>0$ 이므로 $\dfrac{1}{2}\leq x<2$.
3. $x\geq 0$ 이고, $-x\geq 0$ 이므로 $x=0$.
4. $4-\sqrt{x}\geq 0$ 이고, $x\geq 0$ 이다. 그런데 $4-\sqrt{x}\geq 0$은 $\sqrt{x}\leq 4$ 이고, 이는 $0\leq x\leq 16$ 이다.

문제 1.14

다음 무리식이 실수값이 되도록 x값의 범위를 구하여라.

1. $\dfrac{1}{\sqrt{1+x}-\sqrt{1-x}}$

2. $\sqrt{1+x}+\sqrt{77-x}$

3. $\dfrac{x\sqrt{x}}{\sqrt{1-x}}$

4. $\dfrac{x\sqrt{x}}{\sqrt{2-x}}+\dfrac{\sqrt{x+2}}{\sqrt{1-x}}$

일반적으로 $\sqrt{A^2}=|A|$가 성립한다.

예제 1.19

다음 무리식을 간단히 하여라.

1. $\sqrt{x^2+2x+1}$
2. $\dfrac{x+3}{\sqrt{x}+1}-\dfrac{4}{\sqrt{x}-1}$
3. $\dfrac{\sqrt{x+h}-\sqrt{x}}{h}$ (분자를 유리화하여라.)
4. $\dfrac{1}{1+\sqrt{x+2}}-\dfrac{1}{1-\sqrt{x+2}}$

풀이

1. $\sqrt{x^2+2x+1}=\sqrt{(x^2+1)}=|A|$

2. $$\begin{aligned}\frac{x+3}{\sqrt{x}+1}-\frac{4}{\sqrt{x}-1} &= \frac{(x+3)(\sqrt{x}-1)-4(\sqrt{x}+1)}{(\sqrt{x}+1)(\sqrt{x}-1)} \\ &= \frac{x\sqrt{x}-x+3\sqrt{x}-3-4\sqrt{x}-4}{x-1} \\ &= \frac{x\sqrt{x}-x-\sqrt{x}-7}{x-1}\end{aligned}$$

3. $$\begin{aligned}\frac{\sqrt{x+h}-\sqrt{x}}{h} &= \frac{(\sqrt{x+h}-\sqrt{x})(\sqrt{x+h}+\sqrt{x})}{h(\sqrt{x+h}+\sqrt{x})} \\ &= \frac{x+h-x}{h(\sqrt{x+h}+\sqrt{x})} \\ &= \frac{1}{\sqrt{x+h}+\sqrt{x}}\end{aligned}$$

4. $\dfrac{1}{1+\sqrt{x+2}}-\dfrac{1}{1-\sqrt{x+2}}=\dfrac{1-\sqrt{x+2}-1-\sqrt{x+2}}{(1+\sqrt{x+2})(1-\sqrt{x+2})}$

문제 1.15

다음 식을 간단히 하여라.

1. $\dfrac{\sqrt{2}}{3+2\sqrt{2}}+\dfrac{\sqrt{3}}{\sqrt{6}-\sqrt{3}}$
2. $\dfrac{1}{\sqrt{x+2}-\sqrt{x}}+\dfrac{1}{\sqrt{x+2}+\sqrt{x}}$
3. $\dfrac{1}{\sqrt{2}-\dfrac{1}{\sqrt{2}+1}}$
4. $\dfrac{1}{2+\sqrt{3}-\sqrt{7}}$

연습문제

1. 다음 분수식을 간단히 하여라.

(a) $\dfrac{1+\dfrac{3}{x}}{x-\dfrac{9}{x}}$

(b) $\dfrac{(x+h)^{-3}-x^{-3}}{h}$

(c) $\dfrac{a^2+1}{bc}+\dfrac{b^2+1}{ca}+\dfrac{c^2+1}{ab}$ (단, $a+b+c=0$)

2. $x+\dfrac{1}{x}=1$일 때, 다음을 간단히 하여라.

(a) $x^2+\dfrac{1}{x^2}$

(b) $x^3+\dfrac{1}{x^3}$

(c) $x^{10}+\dfrac{1}{x^{10}}$

(d) $x^{99}+\dfrac{1}{x^{99}}$

3. $x=5$일 때, 다음 식의 값을 구하여라.

$$\frac{1}{x(x+2)}+\frac{1}{(x+2)(x+4)}+\cdots+\frac{1}{(x+18)(x+20)}$$

4. $-3 \le x \le 1$일 때, $\sqrt{(1-x)^2} - \sqrt{(x+3)}$을 간단히 하여라.

5. $x = \sqrt{3+2\sqrt{2}}, y = \sqrt{3-2\sqrt{2}}$일 때, $x+y$의 값을 구하여라.

6. 유리수 $x,\ y$가 $(x-3\sqrt{2})(y-3\sqrt{2}) = 10-6\sqrt{2}$를 만족할 때, x^2+y^2의 값을 구하여라.

7. 자연수 $a,\ b,\ c,\ d$에 대해

$$a + \cfrac{1}{b + \cfrac{1}{c + \cfrac{1}{d}}} = \frac{457}{204}$$

일 때, $a,\ b,\ c,\ d$의 값은?

8. $x,\ y$는 자연수이고 $\sqrt{a-2\sqrt{6}} = \sqrt{x} - \sqrt{y}$ 가 성립할 때, 유리수 a의 값을 모두 구하여라.

9. $a = (\sqrt{2}-1)^2, b = (\sqrt{2}+1)^2$ 일 때 다음을 간단히 하여라.

$$\frac{\sqrt{(\frac{a+b}{2})^2} + \sqrt{(\frac{a-b}{2})^2}}{\sqrt{(\frac{a+b}{2})^2} - \sqrt{(\frac{a-b}{2})^2}}$$

10. $\sqrt{b}$가 무리수일 때 다음을 만족하는 유리수 $a,\ b$에 대하여 $a+b$의 값을 구하여라.

$$a + \sqrt{b} + \frac{1}{a+\sqrt{b}} = 4$$

11. $A = \sqrt{1+\sqrt{1+\sqrt{1+\sqrt{1+\cdots}}}}$ 와 $B = \sqrt{2\sqrt{2\sqrt{2\cdots}}}$의 크기를 비교하여라.

제 2 장
방정식과 부등식

2.1 일차, 이차방정식

미지수 x를 포함하고있는 등식을 **방정식**이라 하고, 이 식을 만족하는 x의 값을 **해** 또는 **근**이라 한다.

예제 2.1

다음 방정식의 해를 구하여라.

1. $6x - 7 = 5$
2. $2x + 3 = x - 4$
3. $\dfrac{5}{x-4} = \dfrac{6}{x-3}$
4. $x^2 + 3x = 6 + x^2$

풀이

1. $6x = 12 \therefore x = 2$
2. $2x - x = -4 - 3 \therefore x = -7$
2. $5x - 15 = 6x - 24 \therefore x = 9$
4. $3x = 5 \therefore x = 2$

문제 2.1

다음 방정식의 해를 구하여라.

1. $3(x-1) = 8x - 4$
2. $\dfrac{1}{3}x + 2 = \dfrac{1}{2}x - 1$
2. $\dfrac{x-1}{x+2} = \dfrac{x+1}{x-2}$
4. $(x+1)^2 = (x-1)^2$

제곱근이 포함된 방정식은 다음 예제에서와 같이 제곱근을 없애서 풀 수 있다. 이 때 제곱근 안이 0보다 크거나 같다는 사실을 잊지 말아야 한다.

예제 2.2

다음 방정식을 풀어라.

1. $\sqrt{x^2+2}-2=x$
2. $\sqrt{x-3}+\sqrt{x}=3$

풀이

1. $\sqrt{x^2+2}-2=x$, 양변을 제곱하면 $x^2+2=x^2+4x+4$이다. 따라서
$$4x=-2,\ x=-\frac{1}{2}.$$
2. 양변을 제곱하면 $x-3+2\sqrt{(x-3)}\sqrt{x}+x=9$. 따라서
$$\sqrt{x-3}\sqrt{x}=-x+6.$$
다시 양변을 제곱하면 $(x-3)x=x^2-12x+36$. 따라서
$$9x=36,\ x=4.$$

문제 2.2

다음 방정식을 풀어라.

1. $\sqrt{x^2+2x}+x=2$
2. $\sqrt{-\frac{1}{x}}-\sqrt{\frac{2}{3x+4}}=0$

절대값을 포함하는 방정식은 절대값이 0보다 크거나 같을 때와 0보다 작을 때를 나누어서 계산하다. 이 때 나온 해가 원래 식의 해가 될지 안 될지를 각 경우에 맞추어서 생각한다.

예제 2.3

다음 방정식의 해를 구하여라.

1. $|4x-7|=5$
2. $|x-1|-|2x-4|=-3$

풀이

1. $4x-7 \geq 0$일 때,

$$4x-7=5,\ 4x=12,\ x=3.$$

$4x-7<0$일 때,

$$7-4x=5,\ x=\frac{1}{2}.$$

따라서 $x=3$ 또는 $x=\frac{1}{2}$.

2. $x \geq 2$일 때,

$$x-1-(2x-4)=-3.\ \therefore x=6$$

$1 \leq x < 2$일 때,

$$x-1+2x-4=-3.\ \therefore x=\frac{2}{3}$$

$x=\frac{2}{3}$은 이 구간 안의 값이 아니다. $x<1$일 때,

$$1-x+2x-4=-3.\ \therefore x=0$$

따라서 답은 $x=0$ 또는 $x=6$

문제 2.3

다음 방정식의 해를 구하여라.

1. $|2x-4|=x$
2. $|1-x|+|3-x|=x+3$

a가 0이 아닌 실수이고, b, c는 상수일 때 $ax^2+bx+c=0$이 되는 식을 **이차방정식**이라한다. 이차방정식의 실근의 개수는 0개, 1개 또는 2개가 될 수 있는데, 풀이하는 방법은 인수분해나 근의 공식을 이용한다.

정리 2.1

이차방정식이 $(ax-b)(cx-d)=0$으로 인수분해되면

$$x=\frac{b}{a},\ x=\frac{d}{c}$$

가 두 해가 된다.

정리 2.2 근의 공식

만약 $b^2 - 4ac \geq 0$이 되면 이차방정식 $ax^2 + bx + c = 0$의 두 해는

$$x = \frac{-b \pm \sqrt{b^2 - 4ac}}{2a}$$

로 주어진다. 이 때 만약 $b^2 - 4ac = 0$이면, 해는 한 개의 중근으로 주어진다.

예제 2.4

다음 이차방정식의 해를 구하여라.

1. $2x^2 + 7x - 4 = 0$
2. $3x^2 - 8x + 4 = 0$
3. $x^2 + x - 1 = 0$
4. $2\sqrt{2}x^2 - (4 - \sqrt{2})x - 2 = 0$

풀이

1. $2x^2 + 7x - 4 = (2x - 1)(x + 4) = 0$. 따라서 $x = \frac{1}{2}$ 또는 -4.
2. $3x^2 - 8x + 4 = (3x - 2)(x - 2) = 0$. 따라서 $x = \frac{2}{3}$ 또는 2.
3. 근의 공식을 써서 $x = \frac{-1 \pm \sqrt{1^2 - 4 \cdot (-1)}}{2} = \frac{-1 \pm \sqrt{5}}{2}$
4. 인수분해를 한다. $2\sqrt{2}x^2 - (4 - \sqrt{2})x - 2 = 0$이므로

$$(2x + 1)(\sqrt{2}x - 2) = 0.$$

따라서 $x = -\frac{1}{2}$ 또는 $\sqrt{2}$.

문제 2.4

다음 이차방정식의 해를 구하여라.

1. $x^2 + x - 12 = 0$
2. $3x^2 - 5x - 2 = 0$
3. $x^2 - (1 - 2i)x - 1 - i = 0$
4. $x^2 - 3|x| + 2 = 0$

이차방정식 $ax^2+bx+c=0$에서 근의 종류는 $D=b^2-4ac$의 부호에 의해 결정된다. 이 때 D 를 **판별식**이라고 한다.

정리 2.3

이차방정식 $ax^2+bx+c=0(a\neq 0)$에 대해서 $D=b^2-4ac$이라 할 때,

1. $D>0$이면 서로 다른 두 실근을 갖고,
2. $D=0$이면 중근을 갖고,
3. $D<0$이면 서로 다른 두 허근을 갖게 된다.

예제 2.5

다음 이차방정식의 근을 판별하여라.

1. $2x^2+x+1=0$
2. $x^2+5x-3=0$
3. x^2+x+1
4. $x^2-(a+b)x+ab=0$

풀이

1. $D=1^2-4\cdot2\cdot1<0$ 이므로 서로 다른 두 허근.
2. $D=5^2-4\cdot1\cdot(-3)>0$ 이므로 서로 다른 두 실근.
3. $D=1^2-4\cdot1\cdot1\cdot<0$이므로 서로 다른 두 허근.
4. $D=(a+b)^2-4\cdot(ab)=(a-b)^2\geq 0$이므로 $a\neq b$일 때는 서로 다른 두 실근을 갖고, $a=b$일 때는 중근을 갖는다.

문제 2.5

다음 x에 관한 이차방정식$kx^2-2(k-1)x+k-1=0$이 실근을 가지도록 하는 k값의 범위를 구하여라.

이차방정식 $ax^2+bx+c=0$의 두 근을 α,β라 하면

$$\alpha=\frac{-b+\sqrt{b^2-4ac}}{2a},\ \beta=\frac{-b-\sqrt{b^2-4ac}}{2a}$$

이므로 $\alpha+\beta=-\frac{b}{a}$ 이고,

$$\alpha\beta=\frac{c}{a}$$

가 된다.

정리 2.4 근과 계수의 관계

이차방정식 $ax^2+bx+c=0$의 두근을 $\alpha,\ \beta$라 하면 $\alpha+\beta=-\frac{b}{a}$이고,

$$\alpha\beta=\frac{c}{a}$$

가 성립한다.

예제 2.6

다음 두 근으로 하는 이차방정식을 구하여라.

1. $1+i, 1-i$
2. $\frac{-3+\sqrt{5}}{2}, \frac{-3-\sqrt{5}}{2}$

풀이

1. 두 근의 합 $=2$, 두 근의 곱 $=2$이므로 $x^2-2x+2=0$.
2. 두 근의 합 $=-3$, 두근의 곱 $=\frac{(-3+\sqrt{5})(-3-\sqrt{5})}{2^2}=1$ 이므로

$$x^2+3x+1=0.$$

문제 2.6

이차방정식$x^2-2x-5=0$의 두근을 α,β라 할 때, 다음 식의 값을 구하여라.

1. $\frac{\beta^2}{\alpha}+\frac{\alpha^2}{\beta}$
2. $\alpha^5+\beta^5$

연습문제

1. 다음 방정식의 해를 구하여라.

(a) $\dfrac{1}{x-1}+\dfrac{x}{3x-2}=\dfrac{1}{3}$

(b) $\sqrt{4+3x}=\sqrt{2x+5}$

(c) $\left|\dfrac{5}{x-2}\right|=3$

(d) $2\sqrt{(x-1)^2}=4-x$

(e) $|x-1|+2|x|=5$

(f) $|x+2|+|x-3|=2x+2$

2. 이차방정식 $x^2-2ax+bc=0$이 중근을 갖고 $a=\dfrac{b+c}{2}$가 성립할 때, a,b,c를 변으로 하는 삼각형은?

3. 다음 조건을 만족시키는 상수 k값을 구하여라.

(a) 이차방정식$x^2-x-6=0$의 두 근의 비가 2:3 이다.

(b) 이차방정식 $x^2+kx+3=0$ 의 두근의 차가2이다.

4. 이차방정식 $x^2-x-1=0$의 두근이 α,β일 때, $\dfrac{\alpha^2-1}{\beta}+\dfrac{\beta^2-1}{\alpha}$의 값을 구하여라.

5. $|||x|-2|-3|=1$을 풀어라.

6. $[x]$는 x를 넘지 않는 최대 정수를 나타낸다고 할 때, 다음 방정식의 해를 구하여라.

(a) $2x-[x]=2$

(b) $2x^2-[x]=2$

7. 표면에서 위를 향해 던진 물체의 t초 후의 높이 h는 $h(t)=39.2t-49t^2(m)$으로 나타난다.

(a) 물체가 땅에 떨어지는 것은 몇 초 후인가?

(b) 물체의 높이가 58.8m인 것은 몇 초 후인가?

2.2 고차방정식, 연립방정식

고차방정식의 해를 구하기 위해서는 인수분해를 최대한 활용하도록 한다.

예제 2.7

다음 방정식을 풀어라.

1. $x^4 - 16 = 0$
2. $x^3 - x^2 - 2x + 2 = 0$
3. $x^4 - 3x^3 + 3x^2 + x - 6 = 0$
4. $x^7 - 7x^5 + 3 + 4x^3 = 0$

풀이

1. $x^4 - 16 = (x^2-4)(x^2+4) = (x-2)(x+2)(x^2+2) = 0$ 이므로 $x = \pm 2$.
2. $x^3 - x^2 - 2x + 2x^2(x-1) - 2(x-1) = (x^2-2)(x-1) = 0$ 이므로 $x = 1$ 또는 $x = \pm\sqrt{2}$.
3. $p(x) = x^4 - 3x^3 + 3x^2 + x - 6$에 대해서 $p(-1) = 0$ 이므로

$$\begin{aligned} x^4 - 3x^3 + 3x^2 + x - 6 &= (x-1)(x^3 - 4x^2 + 7x - 6) \\ &= (x+1)(x-2)(x^2 - 2x + 3) = 0 \end{aligned}$$

   이므로 $x = -1,\ x = 2$, 또는 $x = 1 \pm \sqrt{2}i$이다.

4. $x^7 - 7x^5 + 3 + 4x^3 = x^3(x^4 - 5x^2 + 4) = x^3(x^2-4)(x^2-1)$
   $= x^3(x-2)(x+2)(x-1)(x+1) = 0$ 이므로 $x = 0,\ \pm 1,\ \pm 2$이다.

문제 2.7

다음 방정식을 풀어라.

1. $x^3 = -8$
2. $x^4 - 15x^2 + 10x + 24 = 0$
3. $(x+1)(x+2)(x+3)(x+4) = 24$
4. $x^4 - x^3 - 3x^2 + x = 2 = 0$

방정식 $x^3 = 1$은 $x = 1$이라는 실근을 갖는다. 또 이 방정식은 2개의 허근을 갖게 되는데, 2개의 허근은 $\dfrac{-1 \pm \sqrt{3}i}{2}$이다. 이 때 $w = \dfrac{-1 + \sqrt{3}i}{2}$라 하면, $w^3 = 1$또 $w^2 + w + 1 = 0$이 성립한다.

정리 2.5

$x^3 = 1$의 한 허근을 w라 하면 $w^2 + w + 1 = 0$이 된다.

예제 2.8

$x^3 = 1$의 한 허근을 w라 할 때,

1. $w^{10} + w^5 + 1$의 값을 구하여라.
2. $3 + 7w + 6w^2 + 4w^3 + w^4$을 $a + bw$의 꼴로 나타나어라.

풀이

1. $w^3 - 1 = (w-1)(w^2 + w + 1) = 0$이고 w가 허수이므로, $w^2 + w + 1 = 0$,

$$w^{10} + w^5 + 1 = w^{3 \cdot 3} \cdot w + w^3 \cdot w^2 + 1 = w + w^2 + 1 = 0$$

2. $$\begin{aligned} 3 + 7w + 6w^2 + 4w^3 + w^4 &= 3 + 7w + 6w^2 + 4 + w \\ &= 6w^2 + 6w + 7 + 2w \\ &= 6(w^2 + w + 1) + 1 + 2w \\ &= 1 + 2w \end{aligned}$$

문제 2.8

$x^3 = -1$의 한 허근을 w라 할 때,

1. $\dfrac{w^2}{1-w} + \dfrac{w}{1+w^2}$의 값을 구하여라.
2. $1 + 2w + 3w^2 + 4w^3 + 5w^4 + 6w^5 + 7w^6$을 $a + bw$의 형태로 나타내어라.

예제 2.9

다음 방정식을 풀어라.

1. $x^4 + 7x^3 + 14x^2 + 7x + 1 = 0$

[풀이] 양변을 x^2 으로 나누면

$$x^2 + 7x + 14 + 7\frac{1}{x} + \frac{1}{x^2} = 0.$$

$x + \dfrac{1}{x} = t$ 라 하면

$$x^2 + \frac{1}{x^2} + 2 = t^2$$

이 되므로

$$t^2 - 2 + 7t + 14 = 0.$$

즉, $t^2 + 7t + 12 = 0$.

$\therefore t = -3$ 또는 -4 $t = -3$ 일 때,

$$x + \frac{1}{x} = -3,\ x^2 + 3x + 1 = 0,\ x = \frac{-3 \pm \sqrt{5}}{2}.$$

$t = -4$ 일 때,

$$x + \frac{1}{x} = -4,\ x^2 + 4x + 1 = 0,\ x = -2 \pm \sqrt{3}.$$

문제 2.9

다음 방정식을 풀어라.

1. $x^4 + 2x^3 - 6x^2 + 2x + 1 = 0$
2. $x^{\frac{1}{3}} - x^{\frac{1}{6}} - 6 = 0$

여러 개의 방정식과 여러 개의 미지수를 가지고 있는 방정식을 **연립방정식**이라 한다. 연립방정식은 순차적으로 미지수를 소거하여 미지수 개수를 줄여나가는 방법을 사용한다.

예제 2.10

다음 연립방정식을 풀어라.

1. $\begin{cases} x + 2y = 7 \\ 2x - y = 4 \end{cases}$
2. $\begin{cases} x + y = 1 \\ x - 3y = 9 \end{cases}$

3. $\begin{cases} x - 2y = 5 \\ -2x + 4y = 7 \end{cases}$

4. $\begin{cases} x + y = 7 \\ 2x + 2y = 14 \end{cases}$

풀이

1. $x + 2y - 7 = 0 \cdots [1]$, $2x - y - 4 = 0 \cdots [2]$라 하자. $[1] \times 2 - [2]$를 계산하면

$$(2x + 4y - 14) - (2x - y - 4) = 5y - 10 = 0$$

이므로 $y = 2$이고, 이를 $[1]$식에 대입하면 $x = 3$이 된다. 따라서 해는
$\begin{cases} \text{x=3} \\ \text{y=2} \end{cases}$ 이다.

2. $x + y - 1 = 0 \cdots [1]$, $x - 3y - 9 = 0 \cdots [2]$라 하자. $[1] - [2]$를 계산하면

$$(x + y - 1) - (x - 3y - 9) = 4y + 8 = 0$$

이 되고, $y = -2$이므로 $x = 3$이다. 따라서 해는 $\begin{cases} \text{x=3} \\ \text{y=-2} \end{cases}$ 이다.

3. $x - 2y - 5 = 0 \cdots [1]$, $-2x + 4y - 7 = 0 \cdots [2]$라 하자. $[1] \times 2 + [2]$는

$$(2 - 4y - 10) + (-2x + 4y - 7) = -17 = 0$$

이 되어 모순이 되므로, 이런 조건을 만족하는 x와 y는 없다.

4. $x + y - 7 = 0 \cdots [1]$, $2x + 2y - 14 = 0 \cdots [2]$가 항상 성립하므로 $[1]$식을 만족하는 모든 실수 x, y에 대해서 이 연립방정식의 해가 된다. 즉. 이 연립방정식의 해는
$\begin{cases} \text{x=t} \\ \text{y=7-t} \end{cases}$ (단, t는 임의의 실수)이다.

문제 2.10

다음 연립방정식을 풀어라.

1. $\begin{cases} x+2y=1 \\ x-2y=1 \end{cases}$

2. $\begin{cases} 4x-3y=6 \\ x=y+2 \end{cases}$

예제 2.11

다음 연립방정식을 풀어라.

1. $\begin{cases} 2x+y+z=2\cdots[1] \\ 3x+4y+2z=16\cdots[2] \\ x-3y+z=-16\cdots[3] \end{cases}$

2. $\begin{cases} 2x-y+z=4\cdots[1] \\ 5x+y+2z=1\cdots[2] \\ 3x-2y+4z=17\cdots[3] \end{cases}$

풀이

1. [1] $\times$ 2 − [2]를 계산하면

$$x-2y=-12\cdots[4]$$

이고 [1]-[3]은

$$x+4y=18\cdots[5]$$

이므로 [5]-[4]는 $6y=30$이 되어 $y=5$가 된다. 이를 다시 [4]식에 대입하여 $x=-2$를 얻어낼 수 있다.

따라서 $\begin{cases} x=-2 \\ y=5 \\ z=1 \end{cases}$ 가 이 연립방정식의 해가 된다.

2. [1]과 [2]를 더하면

$$7x+3z=-5\cdots[4]$$

이고 [2] $\times$ 2와 [3]을 더하면

$$13x+8z=19\cdots[5]$$

이므로 [4] $\times 8 -$ [5] $\times 3$을 통해서 $x = -1$을 얻어낼 수 있다. 또 $x = -1$을 [4]식에 대입하여 $z = 4$를 얻고, $x = -1$과 $z = 4$를 [1]식에 대입하면 $y = -2$가 된다. 즉, $\begin{cases} x = -1 \\ y = -2 \\ z = 4 \end{cases}$ 가 이 연립방정식의 해가 된다.

문제 2.11

다음 연립방정식의 해를 구하여라.

1. $\begin{cases} 3x + 2y - z = 12 \\ x + y - z = 5 \\ x - 2y - z = -2 \end{cases}$

2. $\dfrac{x - 2y}{6} = \dfrac{2y - z}{3} = \dfrac{z + x}{5} = 1$

연립방정식에 2차식이 포함된 경우에도 하나의 미지수를 소거해야 한다.

예제 2.12

다음 연립방정식의 해를 구하여라.

1. $\begin{cases} 2x - y = 1 \cdots [1] \\ x^2 + xy - y^2 = 5 \cdots [2] \end{cases}$

2. $\begin{cases} x^2 - 4y^2 = 0 \cdots [1] \\ 2x^2 + y^2 - 7 = 0 \cdots [2] \end{cases}$

풀이

1. [1]에서 $x = y + 1$이므로 [2]에 대입하면

$$(y + 1)^2 + (y + 1)y - y^2 = 5$$

가 되어

$$y^2 + 2y + 1 + y^2 + y - y^2 = 5, \ {}^2 + 3y - 4 = 0$$

즉, $y = -4$ 또는 1.

$y = -4$일 때, $x = -3$이고, $y = 1$일 때, $x = 2$가 된다.

따라서 해는 $\begin{cases} x = -3 \\ y = -4 \end{cases}$ 또는 $\begin{cases} x = 2 \\ y = 1 \end{cases}$ 이다.

2. [1] 식에서

$$(x+2y)(x-2y) = 0$$

이므로 $x = -2y$ 또는 $x = 2y$.

$x = 2y$ 또는 $x = -2y$를 [2]에 대입하면

$$y^2 = \frac{7}{9}$$

이고 $y = \pm\frac{\sqrt{7}}{3}$이 성립한다.

따라서 이 때 x는 $\pm\frac{2\sqrt{7}}{3}$ 또는 $\mp\frac{2\sqrt{7}}{3}$이 될 수 있다.

따라서 해는 $\begin{cases} x = \pm\frac{2\sqrt{7}}{3} \\ y = \pm\frac{\sqrt{7}}{3} \end{cases}$ 또는 $\begin{cases} x = \pm\frac{2\sqrt{7}}{3} \\ y = \mp\frac{\sqrt{7}}{3} \end{cases}$ 이다.

문제 2.12

다음 연립방정식을 풀어라.

1. $\begin{cases} x^2 - 3xy + 2y^2 = 0 \\ 2x - y = 2 \end{cases}$

2. $\begin{cases} 2x^2 - 3xy - 2y^2 = 0 \\ x^2 + y^2 = 20 \end{cases}$

연습문제

1. 다음 방정식의 해를 구하여라.

(a) $x^4 - 4x + 3 = 0$

(b) $\dfrac{x}{x+1} + \dfrac{2}{1-x} = \dfrac{4}{1-x^2}$

(c) $|x^2 - 3|x| + 1| = 1$

(d) $4x^4 + 1 = 0$

(e) $\begin{cases} x + y = 7 \\ y + z = 8 \\ z + x = 9 \end{cases}$

(f) $\begin{cases} x - y + z = 4 \\ 3x + 2y + z = -1 \\ 2x - 3y - z = 14 \end{cases}$

(g) $\begin{cases} x - y = 4 \\ x^2 + 2xy - 3y^2 = 0 \end{cases}$

(h) $\begin{cases} x + y = 1 \\ xy = -20 \end{cases}$

(i) $\begin{cases} x^2 + 2y + x = 6 \\ 2x^2 - y - 3x = 2 \end{cases}$

(j) $\begin{cases} x + \sqrt{y} = 0 \\ -4x^2 + y^2 = 12 \end{cases}$

2. $[x]$는 x를 넘지 않는 최대 정수를 나타낸다고 할 때, 다음 방정식을 풀어라.

(a) $2x^2 = x + 3[x]$ (단, $-1 < x < 2$)

(b) $[x]^2 - [x] - 12 = 0$

3. $x^3 - 1 = 0$의 한 허근을 w라 할 때,

(a) $1 + w + w^2 + \cdots + w^{999}$을 구하여라.

(b) $\dfrac{\overline{w}}{1+w} + \dfrac{w}{1+\overline{w}}$의 값을 구하여라. (단, $\overline{w}$는 w의 켤레복소수)

4. 계수가 실수인 삼차방정식 $x^3 + ax^2 + bx - 2 = 0$의 한 근이 $1 + i$일 때,

(a) a, b를 구하여라.

(b) 나머지 두 근을 구하여라.

5. 아래 그림과 같이 가로 12cm, 세로8cm 인 직사각형 모양의 종이 네 귀퉁이에서 한 변의 길이가 $x$cm가 되도록 하는 정사각형 모양을 잘라내고 남은 부분을 이용해서 부피가 64cm^3 인 상자를 만들려고 한다. x의 값은?

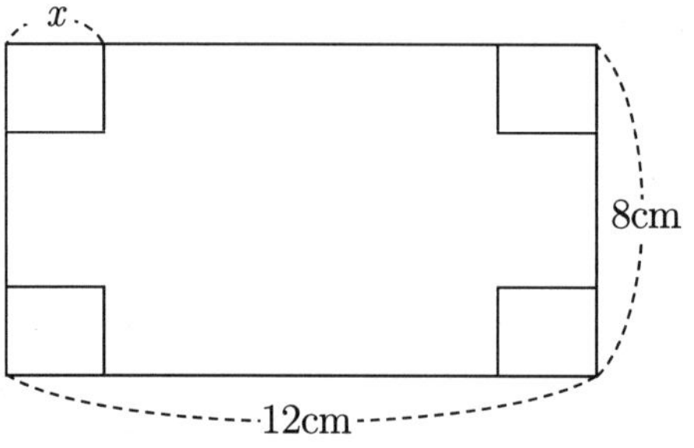

6. 다음을 만족하는 50보다 작은 두 자리의 정수를 구하여라.

"각 자리의 수의 제곱의 합은 73이고, 숫자의 순서를 바꾼 정수와 원래 정수의 합은 121이 된다."

7. 방정식 $x^2-2x^2+3x+5=0$의 세 근을 α, β, γ라 할 때, $(2-\alpha)(2-\beta)(2-\gamma)$의 값을 구하여라.

2.3 부등식

절댓값 기호가 있는 부등식의 경우 절댓값 안의 값이 0보다 클 때와 작을 때로 나누어 계산한다.

정리 2.6

$0 < a < b$일 때,

1. $|x| < a \leftrightarrow -a < x < a$
2. $|x| > a \leftrightarrow x > a$ 또는 $x < -a$
3. $a < |x| < b \leftrightarrow a < x < b$ 또는 $-b < x < -a$

예제 2.13

다음 부등식을 풀어라.

1. $|x-1| \leq 1$
2. $|2x-1| > 3$

풀이

1. $|x-1| \leq 1 \leftrightarrow -1 \leq x-1 \leq 1$. 따라서 $0 \leq x \leq 2$.
2. $|2x-1| > 3 \leftrightarrow 2x-1 > 3$ 또는 $2x-1 < -3$. 따라서 $x > 2$ 또는 $x < -1$.

문제 2.13

다음 부등식을 풀어라.

1. $2 < |x-1| \leq 3$
2. $2|x-1| + |x+1| < 2$

부등식의 사칙연산 과정에서는 부등호의 방향을 주의해야 한다.

정리 2.7 부등식의 사칙연산

$0 < a < x < b$, $0 < c < y < d$일 때,

1. $a+c < x+y < b+d$
2. $a-d < x-y < b-c$
3. $ac < xy < bd$
4. $\dfrac{a}{d} < \dfrac{x}{y} < \dfrac{b}{c}$

예제 2.14

$3 \le x \le 7,\ 5 \le y \le 6$ 일 때,

1. $x+y$의 범위는?
2. $x-y$의 범위는?
3. xy의 범위는?
4. $\dfrac{x}{y}$의 범위는?

풀이

1. $3+5 \le x+y \le 7+6$ 이므로 $8 \le x+y \le 13$.
2. $3-6 \le x-y \le 7-5$ 이므로 $-3 \le x-y \le 2$.
3. $3\cdot 5 \le xy \le 7\cdot 6$ 이므로 $15 \le xy \le 42$
4. $\dfrac{3}{6} \le \dfrac{x}{y} \le \dfrac{7}{5}$ 이므로, $\dfrac{1}{2} \le \dfrac{x}{y} \le \dfrac{7}{5}$

문제 2.14

$-1 < x \le 2,\ 2 \le y < 3$ 일 때, 다음의 범위를 구하여라.

1. $x+y$
2. $x-y$
3. $x\cdot y$
4. $\dfrac{x}{y}$

이차 이상의 부등식은 인수분해를 통해서 구할 수 있다.

정리 2.8 이차부등식의 해

$ax^2+bx+c=0\ (a>0)$의 두 실근이 $\alpha,\ \beta$ 일 때,(단, $\alpha > \beta$)

1. $ax^2+bx+x>0$의 해는 $x>\alpha$ 또는 $x<\beta$.
2. $ax^2+bx+x>0$의 해는 $\beta < x < \alpha$.

$ax^2+bx+c=0\ (a>0)$이 서로 다른 두 허근을 갖는 경우

1. $ax^2+bx+x>0$의 해는 모든 실수.
2. $ax^2+bx+x>0$의 해는 존재하지 않는다.

예제 2.15

다음 부등식을 풀어라.

1. $x^2 - 5 > 4x$
2. $\dfrac{2x-1}{1+x} \geq 1$

풀이

1. $x^2 - 4x - 5 = (x-5)(x-1) > 0$이므로 $x > 5$ 또는 $x < -1$.
2. 양변에 $(1+x)^2$을 곱하면(부등호 방향이 변하지 않으므로),

$$(2x-1)(1+x) \geq (1+x)^2.$$

즉, $(x-2)(x+1) \geq 0$이고, $x \geq 2$ 또는 $x \leq -1$이 되나, $x = -1$의 경우 분모가 0이 되므로 $x \geq 2$ 또는 $x < -1$.

문제 2.15

다음 부등식을 풀어라.

1. $x^2 - (a+1)x + a < 0$
2. $\dfrac{x-2}{x+1} \geq 1$

어떤 문자에 대해서도 항상 성립하는 부등식을 **절대부등식**이라 한다. 절대부등식의 예는 다음과 같은 몇 가지가 있다.

정리 2.9 절대 부등식

a, b가 실수일 때,

1. $a^2 + b^2 \geq 2ab$
2. $a^2 + b^2 + c^2 \geq ab + bc + ca$
3. $a > 0$, $b > 0$일 때, $\dfrac{a+b}{2} \geq \sqrt{ab} \geq \dfrac{2ab}{a+b}$ (산술평균 ≥ 기하평균 ≥ 조화평균)
4. $||a| - |b|| \leq |a+b| \leq |a| + |b|$ (삼각부등식)
5. a, b, x, y가 실수일 때, $(a^2+b^2)(x^2+y^2) \geq (ax+by)^2$ (코시–슈바르츠 부등식)

예제 2.16

정리 2.9의 (1), (2), (3), (4)를 증명하여라.

1. $a^2 + b^2 \geq 2ab$
2. $a^2 + b^2 + c^2 \geq ab + bc + ca$
3. $a > 0,\ b > 0$일 때, $\dfrac{a+b}{2} \geq \sqrt{ab} \geq \dfrac{2ab}{a+b}$ (산술평균 $\geq$ 기하평균 $\geq$ 조화평균)
4. $||a| - |b|| \leq |a+b| \leq |a| + |b|$ (삼각부등식)

풀이

1. $a^2 + b^2 - 2ab = (a-b)^2 \geq 0$이므로 성립한다.

2. $$\begin{aligned} a^2 + b^2 + c^2 - ab - bc - ca &= \frac{1}{2}(2a^2 + 2b^2 + 2c^2 - 2ab - 2bc - 2ca) \\ &= \frac{1}{2}[(a-b)^2 + (b-c)^2 + (c-a)^2] \geq 0 \end{aligned}$$

   이므로 성립한다.

3. $\dfrac{a+b}{2} - \sqrt{ab} = \dfrac{a+b-2\sqrt{ab}}{2} = \dfrac{\left(\sqrt{a}-\sqrt{b}\right)^2}{2} \geq 0$이므로 성립한다.

   $$\begin{aligned} \sqrt{ab} - \frac{2ab}{a+b} &= \frac{(a+b)\sqrt{ab} - 2ab}{a+b} = \frac{\sqrt{ab}[a+b-2\sqrt{ab}]}{a+b} \\ &= \frac{\sqrt{ab}(\sqrt{a}-\sqrt{b})}{a+b} \geq 0 \end{aligned}$$

4. $A = |a| + |b|,\ B = |a+b|$라 할 때,

   $$A^2 = a^2 + b^2 + 2|a||b|$$

   이고

   $$B^2 = a^2 + b^2 + 2ab$$

   이므로 $A^2 \geq B^2$이 성립한다. 따라서 $|a+b| \leq |a| + |b|$.

   $$|a| = |a-b+b| \leq |a-b| + |b|$$

이므로

$$|a| - |b| \leq |a - b|$$

가 성립한다.

$$|b| - |a| \leq |a - b|$$

도 마찬가지로 증명할 수 있다.

문제 2.16

코시–슈바르츠 부등식을 증명하여라.

예제 2.17

다음 부등식을 증명하여라.

1. $a > 0$일 때, $a + \frac{1}{a} \geq 2.$
2. $a > 0,\ b > 0$일 때, $(a+b)(\frac{1}{a} + \frac{1}{b}) \geq 4$

풀이

1. $a + \frac{1}{a} \geq 2\sqrt{a \cdot \frac{1}{a}} = 2$
2. 코시–슈바르츠 부등식을 이용하면

$$(a+b)(\frac{1}{a} + \frac{1}{b}) \geq (\sqrt{a} \cdot \frac{1}{\sqrt{a}} + \sqrt{b} \cdot \frac{1}{\sqrt{b}})^2 = 4.$$

문제 2.17

다음 부등식을 증명하여라. (단, $a,\ b,\ c,\ d$는 양수)

1. $(\frac{a}{b} + \frac{c}{d})(\frac{b}{a} + \frac{d}{c}) \geq 4$
2. $(a+b)(\frac{1}{a} + \frac{4}{b}) \geq 9$

연습문제

1. 다음 부등식을 풀어라.

(a) $\frac{1}{2}(x+7) > \frac{1}{3}(2x-1)$

(b) $|x+1| + |2-x| > 3$

(c) $|x^2 - 1| < 8$

(d) $x^2 - |x| < 0$

(e) $\frac{x-2}{x+3} > -1$

(f) $x^2 - x > 2|x-1|$

2. 다음 연립부등식을 풀어라.

(a) $\begin{cases} x^2 - 5x + 6 \geq 0 \\ x^2 - 2x - 15 < 0 \end{cases}$

(b) $\begin{cases} |x-1| < 3 \\ x^2 - 3|x| \leq 0 \end{cases}$

3. 모든 실수 x에 대해서 부등식 $kx^2 + kx - 1 < 0$ 이 항상 성립할 때, 실수 k값의 범위를 구하여라.

4. 세 실수 $x,\ x+1,\ x+2$가 예각삼각형의 세 변의 길이가 되도록 x 값의 범위를 구하여라.

5. 부등식 $2x^2 + ax + b < 0$의 해가 $\frac{1}{2} < x < 4$가 되도록 실수 $a,\ b$의 값을 구하여라.

6. 두 집합 $A = \{x|x^2 + x - 6 \leq 0\},\ B = \{x|x^2 + ax + b > 0\}$에 대하여

$$A \cap B = \{-2 < x \leq 2\},\ A \cup B = \{x|x \text{ 는 실수}\}$$

일 때, 실수 $a,\ b$의 값을 구하여라.

7. $x^2 + y^2 = 1$일 때, $3x + 4y$의 최댓값을 구하여라.

8. $x > 2$일 때, $x + \frac{1}{x-2}$의 최솟값을 구하여라.

제 3 장
좌표평면과 벡터

3.1 벡터의 기본

평면상의 점을 표현하는 방법 중 가장 잘 알려져 있는 것은 기준이 되는 두 개의 수직을 이루는 직선(x축, y축)을 이용하여 그점의 x성분과 y성분을 한 개의 순서쌍으로 하여 나타내는 것이다.

다시 말해서, 점$(a,\ b)$는 이 점에서 x축 방향으로 내린 수직선이 x축과 만나는 점의 x값이 a이고, y축과 만나는 점의 y값이 b인 점을 나타낸다. x축과 y축이 만나는 점을 원점이라 하고, $(0,\ 0)$으로 나타낸다.

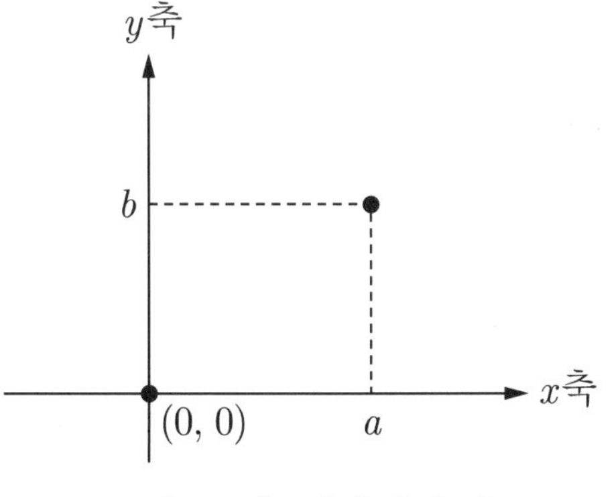

그림 3.1 좌표평면 상의 점

원점을 시점으로 하고 종점이 $(a,\ b)$인 벡터도 $(a,\ b)$로 나타낸다. 또 벡터$(a,\ b)$는 $\vec{v}$로 나타낼 수 있다.

정리 3.1 두 점 사이의 거리

두 점$(a_1,\ a_2)$, $(b_1,\ b_2)$ 사이의 거리는

$$d = \sqrt{(b_1 - a_1)^2 + (b_2 - a_2)^2}$$

이고, 만약 $\vec{u} = (a_1,\ a_2)$, $\vec{v} = (b_1,\ b_2)$이면

$$d = |\vec{u} - \vec{v}|$$

라 쓸 수 있다.

예제 3.1

1. 두 점 $(1, 2)$, $(-1, 3)$사이의 거리를 구하여라.
2. 세 점 $(1, 1)$, $(-1, 3)$, $(2, 4)$로부터 같은 거리에 있는 점을 구하여라.

풀이

1. $d = \sqrt{(-1-1)^2 + (3-2)^2} = \sqrt{5}$
2. 구하는 점을 $x,\ y$라 하면

$$\sqrt{(x-1)^2 + (y-1)^2} = \sqrt{(x+1)^2 + (y-3)^2} = \sqrt{(x-2)^2 + (y-4)^2}$$

이 되고 앞의 등식을 풀면

$$x^2 - 2x + 1 + y^2 - 2y + 1 = x^2 + 2x + 1 + y^2 - 6y + 9$$

가 되어, 이를 풀면 $y = x + 2$이고 뒤의 등식을 풀면

$$x^2 + 2x + 1 + y^2 - 6y + 9 = x^2 - 4x + 4 + y^2 - 8y + 16$$

이 되므로 $3x + y = 5$가 된다. 이 두 식을 풀면

$$x = \frac{3}{4},\ y = \frac{11}{4}$$

이 되어 구하는 점은

$$(\frac{3}{4},\ \frac{11}{4})$$

이다.

예제 3.2

1. 두 점 $(1+\sqrt{2},\ -1), (\sqrt{2}-1,\ 2)$ 사이의 거리를 구하여라.
2. 두 점 $(x,\ y), (y,\ -x)$ 사이의 거리가 5가 될 때 점$(x,\ y)$들은 어떠한 점이 되겠는가?

정리 3.2 내분점

두 벡터

$$\vec{v} = (a_1, a_2),\ \vec{u} = (b_1, b_2)$$

사이의 선분을 $m:n$으로 나눈 내분점

$$\frac{n\vec{v}+m\vec{u}}{m+n}$$

가 되고, 이를 좌표로 나타내면

$$(\frac{nb_1+ma_1}{m+n},\ \frac{nb_2+ma_2}{m+n})$$

이다.

예제 3.3

1. 두 점 $(-1,\ 2),\ (3,\ 5)$의 중점을 구하여라.
2. 두 점 $(2,\ 0),\ (0,\ 5)$를 $3:2$로 나눈 점의 좌표를 구하여라.

풀이

1. 중점은 $1:1$로 나눈 내분점이므로 중점은

$$(\frac{-1+3}{2},\ \frac{2+5}{2}) = (1,\ \frac{7}{2})$$

이다.

2. 3 : 2로 나눈 내분점은

$$(\frac{3\cdot 0+2\cdot 2}{3+2},\ \frac{3\cdot 5+2\cdot 0}{3+2})=(\frac{4}{5},\ 3)$$

이 된다.

문제 3.1

1. 두 점 $(x,\ 3)$, $(-1,\ y)$를 2 : 1로 나눈 점의 좌표가 원점이 되도록 하는 x와 y값을 구하여라.

2. 점 $(1,\ 2)$와 점 $(x,\ y)$가 점 $(-1,\ 4)$에 대하여 대칭이 되도록 $x,\ y$값을 구하여라.

벡터 $\vec{u}=(a_1,\ a_2)$, $\vec{v}=(b_1,\ b_2)$와 실수 α에 대하여 다음과 같은 연산을 정의할 수 있다.

정의 3.1

$\vec{u}=(a_1,\ a_2)$, $\vec{v}=(b_1,\ b_2)$이고, α는 실수일 때,

- $\vec{u}+\vec{v}=(a_1+b_1,\ a_2+b_2)$ (벡터합)
- $\vec{u}-\vec{v}=(a_1-b_1,\ a_2-b_2)$ (벡터차)
- $\alpha\vec{u}=(\alpha a_1,\ \alpha a_2)$ (스칼라곱)

예제 3.4

다음 벡터 계산을 하여라.

1. $(-1,\ 1)+(0,\ 2)$
2. $3(-1,\ 2)-2(-2,\ 3)$
2. $3(0,\ 0)-0(3,\ 2)+(2,\ 1)$
4. $\vec{u}=(1,\ 2), \vec{v}=(-1,\ 3)$일 때 $2\vec{u}-3\vec{v}$

풀이

1. $(-1,\ 3)$
2. $(-3,\ 6)-(-4,\ 6)=(1,\ 0)$
3. $(4,\ 2)$
4. $2\vec{u}-3\vec{v}=(2,\ 4)-(-3,\ 9)=(5,\ -5)$

문제 3.2

1. $\vec{u} = (3,\ -1)$, $\vec{v} = (1,\ 7)$일 때 $\alpha\vec{u} + \beta\vec{v} = 0$이 되는 α와 β 를 구하여라.
2. $\vec{u} = (2,\ -1)$, $\vec{v} = (1,\ 5)$, $\vec{\omega} = (2,\ -1)$일 때 $\alpha\vec{u} + \beta\vec{v} = \vec{\omega}$가 성립하는 α, β를 구하여라.

벡터$\vec{v} = (a,\ b)$의 크기는 $\sqrt{a^2 + b^2}$이고 $|\vec{v}|$로 표현한다.

예제 3.5

다음 벡터의 크기를 구하여라.

1. $(1,\ 0)$
2. $(0,\ 1)$
3. $(4,\ -4)$
4. $(-1,\ 1)$

풀이

1. $\sqrt{1^2 + 0^2} = 1$
2. $\sqrt{0^2 + 1^2} = 1$
3. $\sqrt{4^2 + (-4)^2} = 4\sqrt{2}$
4. $\sqrt{(-1)^2 + 1^2} = \sqrt{2}$

문제 3.3

다음 벡터의 크기가 1이 되도록 a값을 정하여라.

1. $(a,\ 0)$
2. $(a,\ -a)$
3. $(1 - a,\ a)$
4. $(\frac{a}{2},\ -\frac{a}{3})$

평면상의 두 벡터 $\vec{u} = (a_1, a_2)$와 $\vec{v} = (b_1, b_2)$에 대해 다음과 같이 정의되는 수$\vec{u} \cdot \vec{v}$를 $\vec{u}$와 $\vec{v}$의 내적이라고 한다.

$$\vec{u} \cdot v = (a_1, a_2) \cdot (b_1, b_2) = a_1b_1 + a2b_2$$

정리 3.3

두 벡터 $\vec{u} = (a_1,\ a_2)$, $\vec{v} = (b_1,\ b_2)$가 이루는 끼인각 θ $(0° \le \theta \le 180°)$에 대해 다음

이 성립한다.

$$\cos\theta = \frac{\vec{u}\cdot\vec{v}}{|\vec{u}||\vec{v}|} = \frac{a_1b_1 + a_2b_2}{\sqrt{a_1^2+a_2^2}\sqrt{b_1^2+b_2^2}}$$

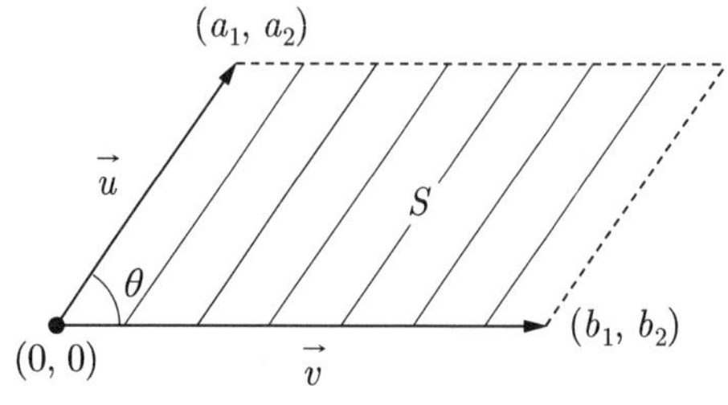

그림 3.2 두 벡터 $\vec{u}$와 $\vec{v}$가 만드는 평행사변형

벡터를 내적한 결과는 실수가 되기 때문에 내적은 닫혀 있는 연산이 아님을 주의하라. 두 벡터의 내적으로부터 두 벡터가 이루는 끼인각을 알 수 있다.

따라서 만약 0이 아닌 두 벡터 $\vec{u}$와 $\vec{v}$가 서로 수직이면 $\cos\theta = 0$이 되어 $\vec{u}\cdot\vec{v} = 0$이 된다. 이의 역도성립하여 $\vec{u}\cdot\vec{v} = 0$이면 $\vec{u}$와 $\vec{v}$는 서로 수직이라 할 수 있다.

한편, 그림 3.2에서와 같이 두 벡터가 이루는 평행사변형의 넓이는 다음과 같다.

정리 3.4

$\vec{u}$, $\vec{v}$가 벡터일 때, $\vec{u}$와 $\vec{v}$가 만드는 평행사변형의 넓이는 $S = |\vec{u}|\,|\vec{v}|\,|\sin\theta|$이다. 여기서 θ는 $\vec{u}$와 $\vec{v}$가 이루는 끼인각이다.

문제 3.4

다음 벡터 계산을 하여라.

1. $((1,\ -1)\cdot(2,\ 1))(-1,\ 1) - ((1,\ 1)\cdot(-1,\ 2))(1,\ -1)$

2. $\vec{u} = (1,\ 2), \vec{v} = (-1,\ -2), \vec{\omega} = (-2,\ -1)$일 때,

$$\frac{\vec{u}}{|\vec{u}|} + (\vec{u}\cdot\vec{v})\vec{\omega} - (\vec{u}\cdot\omega)\vec{v}.$$

풀이

1. $(2-1)(-1,\ 1)-(-1+2)(1,\ -1)=(-1,\ 1)-(1,\ -1)=(-2,\ 2)$
2. $\frac{1}{\sqrt{5}}(1,\ 2)+(-1-4)(-2,\ -1)-(-2-2)(-1,\ -2)=(6+\frac{1}{\sqrt{5}},\ -3+\frac{2}{\sqrt{5}})$

문제 3.5

$\vec{u}=(1,\ 2),\ \vec{v}=(-1,\ 1),\ \vec{\omega}=(0,\ 1)$일 때, 다음 벡터를 계산하여라.

1. $|\vec{u}|\vec{v}+(\vec{u}\cdot\vec{\omega})\vec{v}$
2. $\frac{\vec{u}}{|\vec{u}|}+\frac{\vec{v}}{|\vec{v}|}+\frac{\vec{\omega}}{|\vec{\omega}|}$

지금까지는 평면상의 벡터들을 살펴보았지만 벡터는 공간에서도 정의할 수 있다. 공간상의 벡터는 일반적으로 $\vec{u}=(a_1,\ a_2,\ a_3)$로 나타낼 수 있고, 이 때 a_1은 x성분, a_2는 y성분, a_3는 z성분이라 한다. 공간상의 두 벡터 $\vec{u}=(a_1,\ a_2,\ a_3)$와 $\vec{v}=(b_1,\ b_2,\ b_3)$에 대해서 $\vec{u}$와 $\vec{v}$의 내적은 $\vec{u}\cdot\vec{v}=a_1b_1+a_2b_2+a_3b_3$이고, 두 벡터가 이루는 각 θ에 대해 다음 관계식이 성립한다.

$$cos\theta=\frac{\vec{u}\cdot\vec{v}}{|\vec{u}||\vec{v}|}=\frac{a_1b_1+a_2b_2+a_3b_3}{\sqrt{a_1^2+a_2^2+a_3^2}\sqrt{b_1^2+b_2^2+b_3^2}}$$

예제 3.6

그림 3.3과 같이 한변의 길이가 1인 정육면체에서 $\overrightarrow{AC}\cdot\overrightarrow{AG}$의 값을 구하여라.

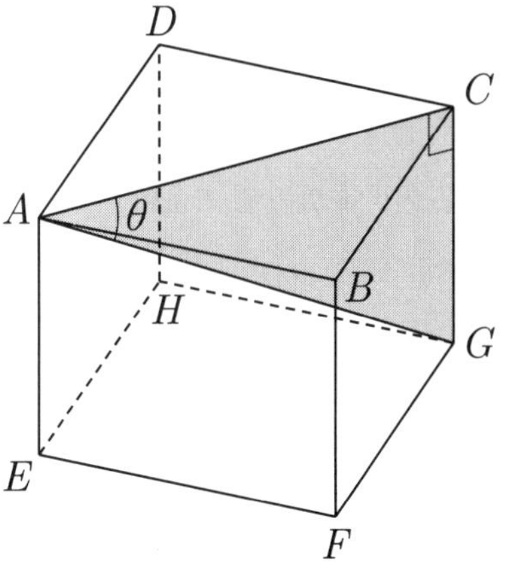

그림 3.3

[풀이] $|\overrightarrow{AC}|=\sqrt{\overline{AB}^2+\overline{BC}^2}=\sqrt{2}$이고 $|\overrightarrow{AG}|=\sqrt{1^2+1^2+1^2}=\sqrt{3}$이다.

$\overrightarrow{AC}$와 $\overrightarrow{AG}$가 이루는 각의 크기를 θ라 하면

$$cos\theta = \frac{|\overrightarrow{AC}|}{|\overrightarrow{AG}|} = \frac{\sqrt{2}}{\sqrt{3}} = \frac{\sqrt{6}}{3}.$$

따라서

$$\overrightarrow{AC} \cdot \overrightarrow{AG} = |\overrightarrow{AC}||\overrightarrow{AG}|cos\theta = \sqrt{2} \cdot \sqrt{3} \cdot \frac{\sqrt{6}}{3} = 2$$

연습문제

1. 점 $(a,\ b)$를 x축, y축, 원점에 대칭으로 이동시킨 점의 좌표를 각각 구하여라.

2. 한 점 $(-1,\ 2)$에서 x축 위로 전등을 비추었더니 그림 3.4와 같이 x축 상에 있는 거울에 반사되어 점 $(3,\ 1)$ 지점에서 빛이 감지되었다. 반사된 x축 위의 점의 좌표를 구하여라.

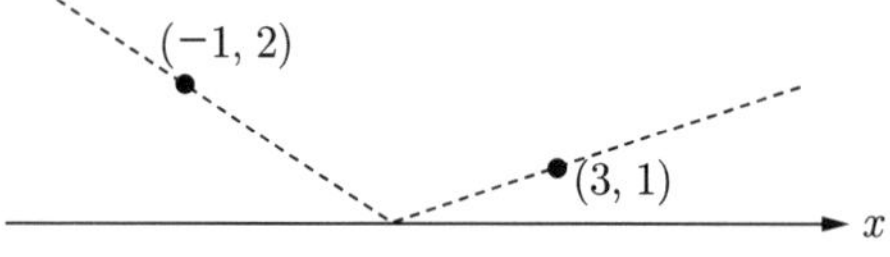

그림 3.4

3. 두 점 $(5,\ 2)$, $(0,\ 5)$로부터 같은 거리에 있는 점 가운데 $y = x$ 위에 있는 점을 구하여라.

4. 다음 두 벡터가 이루는 끼인각 θ를 구하여라. (단, $0 \le \theta \le \pi$)

   (a) $\vec{a} = (5,\ 2)$, $\vec{b} = (-2,\ 5)$ (b) $\vec{a} = (3,\ 1)$, $\vec{b} = (1,\ 2)$

5. 두 벡터 $\vec{a} = (3,\ 16)$, $\vec{b} = (2x,\ 1-x)$에 개하여 다음을 만족하도록 x를 구하여라.

   (a) $\vec{a}$와 $\vec{b}$가 평행 (b) $\vec{a}$와 $\vec{b}$가 수직

6. 그림 3.5는 한 변의 길이가 1인 정사면체이다. 다음 값들을 구하여라.

(a) $\overrightarrow{AB} \cdot \overrightarrow{AC}$ (b) $\overrightarrow{AB} \cdot \overrightarrow{CD}$ (c) $\overrightarrow{AB} \cdot \overrightarrow{BC}$

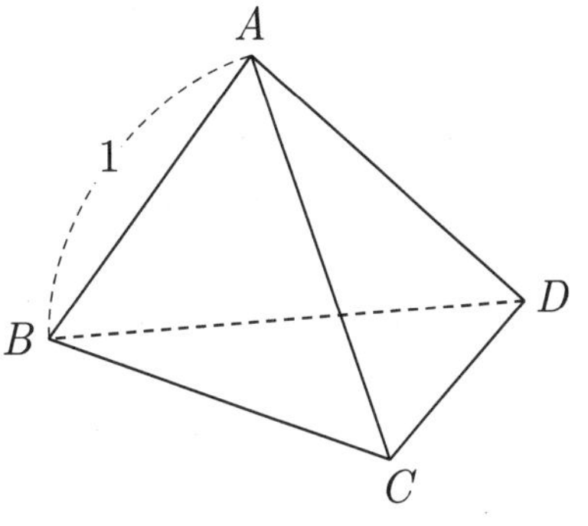

그림 3.5

3.2 평면상의 직선

다음은 직선의 방정식을 나타낼 수 있는 여러 가지 방법을 제시하고 있다.

정리 3.5

1. 기울기가 m이고, y절편이 b인 직선의 방정식은 $y = mx + b$.
2. 한 점 $(x_1,\ y_1)$을 지나고 기울기가 m인 직선의 방정식은
$$y - y_1 = m(x - x_1).$$
3. 두 점 $(x_1,\ y_1)$, $(x_2,\ y_2)$를 지나는 직선의 방정식은
$$y - y_1 = \frac{y_2 - y_1}{x_2 - x_1}(x - x_1).$$
4. x절편이 a이고, y절편이 b인 직선의 방정식은 $\frac{x}{a} + \frac{y}{b} = 1$.

예제 3.7

다음을 만족하는 직선의 방정식을 구하여라.

1. 기울기가 3이고, (1, 2)를 지나는 직선
2. x절편이 4이고 기울기가 -1인 직선

풀이

1. $y - 2 = 3(x - 1)$이므로 $y = 3x - 1$.
2. x절편이 4이므로 (4, 0)을 지난다. 따라서
$$y = -(x - 4)$$
이므로
$$y = -x + 4.$$

문제 3.6

다음을 만족하는 직선의 방정식을 구하여라.

1. 직선 $2x+3y=1$에 평행하며 원점을 지나는 직선
2. x에 수직이며 $(3,\ 4)$를 지나는 직선

정리 3.6 점과 직선사이의 거리

한 점 $(x_1,\ y_1)$과 직선 $ax+by+c=0$ 사이의 거리 h는

$$h=\frac{|ax_1+by_1+c|}{\sqrt{a^2+b^2}}.$$

예제 3.8

1. 직선 $2x+y-3=0$과 원점과의 거리는 얼마인가?

   [풀이] 거리는 $\frac{|2\cdot 0+1\cdot 0-3|}{\sqrt{2^2+1^2}}=\frac{3}{\sqrt{5}}$이다.

문제 3.7

직선 $4x+3y+1=0$과의 거리가 1이 되는 점들 가운데 x축과 만나는 점을 구하여라.

두 직선은 $l_1: a_1x_1+b_1y_1+c=0$과 $l_2: a_2x_2+b_2y_2+c_2=0$ 사이에는 다음과 같은 관계를 가지고 있다.

정리 3.7 두 직선의 위치 관계

1. l_1과 l_2가 평행 $(l_1//l_2)$: $\frac{a_1}{a_2}=\frac{b_1}{b_2}$ (단, $a_2b_2\neq 0$)
2. l_1과 l_2가 수직 $(l_1\perp l_2)$: $a_1a_2+b_1b_2=0$
3. l_1과 l_2가 이루는 각 θ: (단, $0\leq\theta\leq\frac{\pi}{2}$)

$$cos\theta=\frac{|\vec{u_1}\cdot\vec{u_2}|}{|\vec{u_1}|\cdot|\vec{u_2}|}\ (\text{단, } \vec{u_1}=(a_1,\ b_1),\ \vec{u_2}=(a_2,\ b_2))$$

예제 3.9

1. 두 점 (1, 2), (−1, 3)을 지나는 직선과 평행하고 (1, 1)을 지나는 직선의 식을 구하여라.

[풀이] 두 점 (1, 2), (−1, 3)을 지나는 직선과 평행하므로 기울기는

$$\frac{3-2}{-1-1} = -\frac{1}{2}$$

이 된다. 따라서 구하는 직선의 식은

$$y - 1 = -\frac{1}{2}(x-1)$$

이고, 이를 간단히 하면

$$x + 2y - 3 = 0$$

이 된다.

문제 3.8

두 점 (−1 ,2), (3, −4)를 지나는 직선과 수직이며 (2, 1)을 지나는 직선의 식을 구하여라.

연습문제

1. 두 직선 $2x - y = 2,\ mx - y + 2m - 1 = 0$이 제 4사분면에서 만나도록 하는 실수 m의 값의 범위를 구하여라.

2. 세점 $(3,\ a), (1,\ -1), (-3,\ 2)$가 한 직선에 있도록 a의 값을 정하여라.

3. 점 $(a,\ 0)$과 직선 $y = ax + 1$ 사이의 거리를 구하여라.

4. 두 직선 $x + 2y - 1 = 0,\ x + 2y + 2 = 0$ 사이의 거리를 구하여라.

5. 점 $(x_0,\ y_0)$에서 직선 $l : ax + by + c = 0$ 까지의 거리를 구하는 공식을 유도하여라.

6. 두 직선 $l_1 : 3x - y + 2 = 0,\ l_2 : mx - y + 1 = 0$이 다음 조건을 만족하도록 m의 값을 정하여라.

   (a) l_1 과 l_2는 평행

   (b) l_1과 l_2는 수직

   (c) l_1과 l_2는 $(2, 8)$에서 만난다.

7. 네점 $A(-2,\ -1),\ B(8,\ a+b),\ C(4,\ 2),\ D(6,\ ab)$가 한 직선에 있을 때, a^2+b^2의 값을 구하여라.

8. 원점을 지나고 점 $(-3,\ -1)$에서의 거리가 $\sqrt{5}$가 되는 직선을 구하여라.

3.3 원과 타원의 방정식

평면에서 한 점 $(a,\ b)$**과 거리** (r)**가 일정한 점들의 집합을 원**이라 하고, $(a,\ b)$를 **원의 중심**, r을 **원의 반지름**이라 한다.

정의 3.2

한점 $(a,\ b)$에서 거리가 r인 점들의 집합은

$$(x-1)^2+(y-b)^2=r^2$$

으로 나타낼 수 있다. 여기서 $(a,\ b)$는 원의 중심, r은 원의 반지름이다.

예제 3.10

1. 중심이 $(3,\ 4)$이고 원점을 지나는 원의 방정식을 구하여라.

   [풀이] 중심이 $(3,\ 4)$인 원의 방정식은 $(x-3)^2+(y-4)^2=r^2$이 되는데, 이것이 원점을 지나므로 $(0,\ 0)$을 대입하면

   $$3^2+4^2=r^2$$

   이고 $r=5$가 되어

   $$(x-3)^2+(y-4)^2=5^2$$

   이 된다.

문제 3.9

다음 방정식으로 주어진 원의 중심과 반지름을 구하여라.

1. $x^2+y^2+2x-y-7=0$
2. $x^2+y^2+Ax+By+C=0$

예제 3.11

1. 중심이 $x+y=1$ 위에 있으며 원점을 지나는 원 중 반지름의 크기가 가장 작은 원의 방정식을 구하여라.

[풀이] 중심의 x좌표를 t라 하면 y좌표는 $1-t$가 된다. 따라서 구하는 원의 방정식은

$$(x-t)^2+(y-1+t)^2=r^2.$$

이 원이 원점을 지나므로

$$t^2+(t-1)^2=r^2$$

이 된다. 이 때

$$r^2=t^2+(t-1)^2=2t^2-2t+1=2(t^2-t+\frac{1}{4})-\frac{1}{2}+1$$

이 되므로 $t=\frac{1}{2}$ 일 때, $r=\frac{1}{\sqrt{2}}$이 가장 작다. 따라서 반지름은 $\frac{1}{\sqrt{2}}$이다. 따라서 원의 방정식은

$$(x-\frac{1}{2})^2+(y-\frac{1}{2})^2=\frac{1}{2}.$$

문제 3.10

중심이 (1, 2)이고 한 점 (−1, 4)를 지나는 원의 반지름을 구하여라.

정리 3.8 원과 직선의 위치관계

원 $x^2+y^2=r^2$과 직선 $y=mx+n$의 위치 관계는 두 식에서 y를 소거하여 얻은 이차방정식 $(1+m^2)x^2+2mnx+n^2-r^2=0$의 판별식 D를 이용한다.

1. $D>0 \iff$ 서로 다른 두 점에서 만난다.
2. $D=0 \iff$ 한 점에서 만난다. (접한다)
3. $D<0 \iff$ 만나지 않는다.

예제 3.12

원 $x^2+y^2=5$와 직선 $y=x+k$의 위치 관계가 다음과 같을 때, 실수 k값 또는 범위를 구하여라.

1. 서로 다른 두 점에서 만난다.
2. 한 점에서 만난다.

3. 만나지 않는다.

풀이

1. 원 $x^2 + y^2 = 5$와 직선 $y = x + k$에서 y를 제거한 식은

$$2x^2 + 2kx + k^2 - 5 = 0$$

이므로

$$D > 0 \Longleftrightarrow k^2 - 2(k^2 - 5) > 0$$

으로부터 $k^2 < 10$. 따라서

$$-\sqrt{10} < k < \sqrt{10}$$

2. $D = 0 \Longleftrightarrow k^2 = 10$. 따라서 $k = \pm\sqrt{10}$

3. $D < 0 \Longleftrightarrow k^2 > 10$. 따라서 $k > \sqrt{10}$ 또는 $k < -\sqrt{10}$

문제 3.11

원 $x^2 + (y+1)^2 = 1$와 직선 $3x + 4y + k = 0$이 서로 다른 두 점에서 만날 때, 상수 k값 또는 범위를 구하여라.

원 $x^2 + y^2 = r^2$ 위의 한 점 $P(x_1,\ y_1)$에서 접선의 방정식을 구해보자. 접선의 기울기는 원의 중심과 P를 연결하는 직선과 서로 수직이 된다. 따라서

$$m \cdot \frac{y_1}{x_1} = -1$$

이다. 또 $P(x_1, y_1)$이 원상의 점이므로

$${x_1}^2 + {y_1}^2 = r^2$$

이 성립한다. 따라서 접선의 방정식은

$$y - y_1 = -\frac{x_1}{y_1}(x - x_1),$$

즉, $x_1 x + y_1 y = {x_1}^2 + {y_1}^2 = r^2$이다.

정리 3.9 원의 접선의 방정식

원 $x^2+y^2=r^2$ 위의 점 $(x_1,\ y_1)$에서의 접선의 방정식은 $xx_1+yy_1=r^2$이다.

예제 3.13

1. 중심이 $(3,\ 4)$이고 직선 $x-2y+3=0$에 접하는 원의 방정식을 구하여라.

[**풀이**] 원의 반지름을 r이라 하면

$$(x-3)^2+(y-4)^2=r^2$$

이 되고 이 원과 직선 $x-2y+3=0$이 접하므로, y를 소거한 이차방정식은

$$5x^2-34x+61-4r^2=0$$

이다. 이 때 판별식 $D=17^2-5(61-4r^2)=0$이므로,

$$r=\frac{2\sqrt{5}}{5}$$

이다. 따라서 원의 방정식은 $(x-3)^2+(y-4)^2=\dfrac{4}{5}$ 이다.

문제 3.12

원 $x^2+y^2=10$ 위의 점 $P(a,\ 1)$에서 그은 접선의 방정식은? (단, $a>0$)

평면상의 고정된 두 점에서 거리의 합이 일정한 점들의 집합은 **타원**이 된다. 그림 3.6과 같이 두 점 $F(c,\ 0)$과 $F'(-c,\ 0)$을 고정하고 길이가 $2a$인 실로 묶은 뒤 실을 팽팽하게 당겨서 한 바퀴 돌리면 점 $P(x,\ y)$가 움직이는 점들의 자취가 타원이 된다.

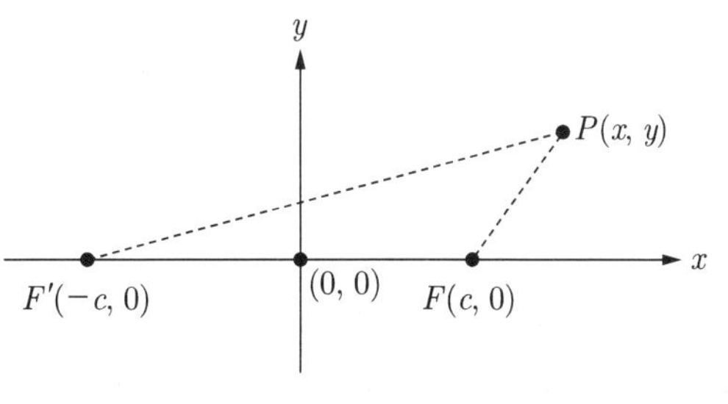

그림 3.6 타원의 생성

정의 3.3 타원의 방정식

두 점 $F(c, 0)$과 $F'(-c, 0)$을 초점으로 하는 타원의 방정식은

$$(a^2 - c^2)x^2 + a^2y^2 = a^2(a^2 - c^2)$$

이다. 여기서, $2a$는 타원 상의 한 점과 두 점 F와 F'와의 거리의 합니다. 만약 $b^2 = a^2 - c^2$이라 하고 양변을 a^2b^2으로 나누면 타원의 방정식은 다음과 같은 표준형으로 표현된다.

$$\frac{x^2}{a^2} + \frac{y^2}{b^2} = 1$$

예제 3.14

1. $4x^2 + 9y^2 = 36$의 그래프를 그려라.

[풀이] 양변을 36으로 나누면

$$\frac{x^2}{9} + \frac{y^2}{4} = 1$$

이고 $x = 0$일 때, $y = \pm 2$, $y = 0$일 때,

$$x = \pm 3$$

이 된다.

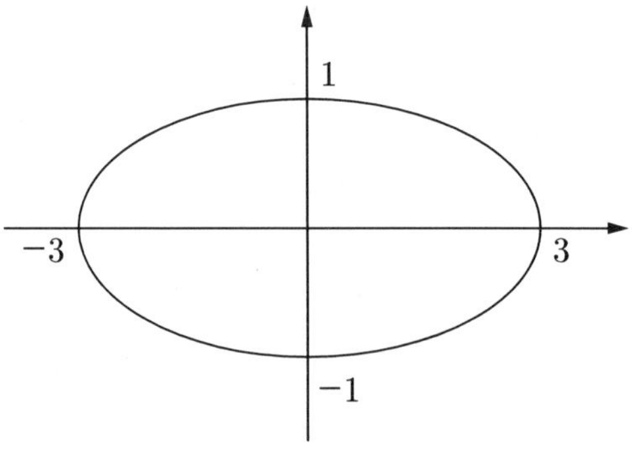

그림 3.7 타원 $\frac{x^2}{3^2} + \frac{y^2}{2^2} = 1$

문제 3.13

타원 $4x^2 + 12x + y^2 - 3y - 9 = 0$을 그려라.

연습문제

1. 다음 원 또는 타원의 그래프를 그려라.

   (a) $2x^2 + 2y^2 - 4x - 3 = 0$

   (b) $4x^2 = 100 - 25y^2$

   (c) 원점을 지나고 초점이 $(-1,\ -1)$, $(1,\ -1)$인 타원

   (d) 세점 $(4, 2)$, $(1, 3)$, $(-4,\ -2)$를 지나는 원

2. 직선 $y = 3x + 2$와 원 $x^2 + y^2 = r^2$이 서로 접할 때 r값을 구하여라.

3. 두 점 $(-3,\ 5)$와 $(1,\ -1)$을 연결하는 선분이 지름이 되는 원의 방정식을 구하여라.

4. 다음 타원의 초점을 구하여라.

$$x^2 + 4y^2 = 4$$

제 4 장
함수

4.1 집합의 표현과 연산

집합이란 사물들을 선택하여 끌어모은 것이다. 주어진 집합에서 끌어모은 사물들은 그 **집합의 원소**라 한다. 집합을 만들기 위해 사물들을 선택하는 기준에는 제한을 두지 않지만 어떤 사물이 주어진 집합의 원소인가 여부는 객관적으로 명확해야 한다. 집합은 보통 알파벳 문자로 나타내고, $x \in A$로 나타낸다. 또 $x \notin A$로 나타낸다.

집합을 만드는 방법에는 크게 두 가지가 있다. 첫째 방법은 **원소나열법**인데, 이것은 집합의 원소를 모두 나열하는 방법이다. 어떤 사물이 나열된 명단에 있으면 이 사물은 주어진 집합의 원소이고 명단에 없으면 원소가 아니다. 이 방법으로 집합을 만들 때 집합 기호 '{'와'}'를 사용한다. 다시 말하면 집합기호 '{'와'}' 사이에 나열된 사물들이 이 집합의 원소들이다. 예를 들어 $A = \{1,\ 2,\ 3\}$ 이면 집합 A는 오직 1, 2, 3만을 원소로 갖는 집합이다. 경우에 따라 $B = \{1,\ 3,\ 5,\ \cdots\}$와 같이 무한개의 원소를 나열할 수도 있다.

다음으로 집합을 만드는 방법에는 **조건제시법**이 있다. 이 방법은 어떤 조건을 제시하여 이 조건을 만족하는 사물들만을 모두 모아 집합을 만드는 방법이다. 사물에 x에 대한 조건 명제 $P(x)$가 주어졌을 때 A가 $P(x)$를 만족하는 x들의 집합일 때 $A = \{x \mid P(x)\}$로 나타낸다. 예를 들어 모든 자연수들의 집합은 $\{x \mid x\text{는 자연수}\}$이고 1 이상 5 이하의 모든 실수들의 집합은 $\{x \mid x\text{는 실수},\ 1 \le x \le 5\}$로 나타낸다. 아무 원소도 가지지 않는 집합을 공집합이라 하고 $\{\ \}$ 또는 $\varnothing$로 나타낸다.

정의 4.1 집합의 상등

두 집합 A, B가 주어졌을 때 A와 B의 원소들이 정확히 일치하면, 다시 말해 A의 원소들이 모두 B의 원소들이고 B의 원소들이 모두 A의 원소들이면 A와 B는 같다고 하고 기호로 $A = B$로 나타낸다. 이 때 A와 B는 같은 집합이라고 하거나 A와 B는 상등이라고 하기도 한다.

예들 들면 네 집합

$$A = \{1,\ 2,\ 3\}$$
$$B = \{1,\ 3,\ 2,\ 2\}$$
$$C = \{x \mid x\text{는 자연수},\ x \leq 3\}$$
$$D = \{x \mid x\text{는 실수},\ (x-1)(x-2)(x-3) = 0\}$$

에 대해 $A = B = C = D$가 성립한다.

예제 4.1

1. 두 집합 $A = \{1,\ 2,\ 3,\ a\}, B = \{1,\ 3,\ 5,\ b\}$ 에 대해 $A = B$ 일 때 a, b 를 구하여라.

2. a 가 실수이고 $A = \{a,\ a+1,\ 2a\}$ 일 때 A 의 원소의 개수가 2 일 a 값을 모두 구하여라.

풀이

1. $2 \in A$ 이고 $A = B$ 이므로 $2 \in B$ 이다. 따라서 $b = 2$ 이다. $5 \in B = A$ 이므로 $a = 5$ 이다.

2. A 의 원소의 개수가 2 이므로 $a = 2a$ 또는 $a + 1 = 2a$ 이다. 따라서 a 는 0 또는 1 이다.

문제 4.1

1. 두 집합 $A = \{1,\ 2,\ 3,\ a\}, B = \{x \mid x\text{ 는 정수},\ a-3 \leq x \leq 4\}$ 에 대해 $A = B$ 일 때 자연수 a 를 구하여라.

2. a 가 실수이고 $A = \{2a-1,\ a+2,\ 3a\}$ 일 때 A 의 원소의 개수가 2 일 a 값 을 모두 구하여라.

정의 4.2

주어진 두 집합 $A,\ B$ 에 대해 A 의 원소들이 모두 B 의 원소들이면 A 는 B 의 **부분집합**이라 하고 기호로 $A \subset B$ 또는 $B \supset A$ 로 나타낸다.

두 집합 A, B 가 같은 집합일 조건은 $A \subset B$ 이고 $B \supset A$ 이다. 또 집합 S 와 x 에 대한 조건명제 $P(x)$ 에 대해 집합 $\{x \mid x \in S,\ P(x)\}$ 를 $\{x \in S \mid P(x)\}$ 로 나타낸다. 예를 들어 $\{x \mid x$ 는 실수, $0 \leq x \leq 1\}$ 을 $\{x \in \mathbb{R} \mid 0 \leq x \leq 1\}$ 로 나타낸다.

예를 들어 집합 $\{1,\ 2,\ 3\}$ 은 집합 $\{1,\ 2,\ 3,\ 4\}$ 의 부분집합이고 $\{x \mid x$ 는 짝수$\}$ 는 $\{x \mid x$ 는 정수$\}$ 의 부분집합이다.

예제 4.2

1. 두 집합 $A = \{1,\ 3,\ 4,\ 7,\ 9\}$, $B = \{a,\ a+2\}$ 일 때 $B \subset A$ 일 a 값을 모두 구하여라.

   [풀이] $a,\ a+2 \in A$ 이므로 a 는 1 또는 7 이다.

문제 4.2

두 집합 $A = \{x \in \mathbb{R} \mid 3 \leq x \leq 9\}$ 이고 $B = \{a-1,\ a,\ a+2\}$ 일 때 $B \subset A$ 일 a 의 조건은?

정의 4.3

주어진 두 집합 $A,\ B$ 에 대해 A 의 모든 원소들과 B 의 모든 원소들을 모은 집합

$$\{x \mid x \in A \text{ 또는 } x \in B\}$$

를 집합 A 와 B 의 **합집합**이라 하고, 기호로 $A \cup B$ 로 나타낸다. 또 동시에 A 와 B 의

원소가 되는 사물을 모은 집합

$$\{x \mid x \in A \text{ 이고 } x \in B\}$$

를 집합 A 와 B 의 **교집합**이라 하고, 기호로 $A \cap B$ 로 나타낸다. 그리고 B 의 원소가 아닌 A 의 모든 원소들의 집합

$$\{x \mid x \in A \text{ 이고 } x \notin B\}$$

를 A 와 B 의 **차집합**이라 하고 $A - B$ 또는 $A \backslash B$ 로 나타낸다. 어떤 상황에서 전체집합 U 가 주어져 있고, 이 때 고려하는 모든 집합이 U 의 부분집합일 때 U 의 부분집합 A 에 대해 $U - A$ 를 A 의 **여집합**이라 하고 A^c 로 나타낸다.

예제 4.3

1. 두 집합 $A = \{x \in \mathbb{R} \mid 0 \leq x < 2\}$, $B = \{x \in \mathbb{R} \mid 1 < x \leq 3\}$ 일 때 $A \cup B$ 와 $A \cap B$, $A - B$ 를 구하여라.
2. 전체집합 $U = \mathbb{R}$ 이고 $A = \{x \in \mathbb{R} \mid x > 0\}$, $B = \{x \in \mathbb{R} \mid x \geq 1\}$ 일 때 $A \cap B^c$ 을 구하여라.

풀이

1. $0 \leq x < 2$ 또는 $1 < x \leq 3$ 이면 $0 \leq x \leq 3$ 이다. 따라서

$$A \cup B = \{x \in \mathbb{R} \mid 0 \leq x \leq 3\}$$

이다. 또 $0 \leq x < 2$ 이고 $1 < x \leq 3$ 이면

$$1 < x < 2$$

이다. 따라서

$$A \cap B = \{x \in \mathbb{R} \mid 1 < x < 2\}$$

이다. $x \in A - B$ 이면 $x \in A$ 이므로 $0 \leq x < 2$ 이고 $x \notin B$ 이므로 $x \leq 1$ 이거나 $x > 3$ 이다. 따라서

$$0 \leq x \leq 1$$

이다. 그러므로

$$A - B = \{x \in \mathbb{R} \mid 0 \leq x \leq 1\}$$

이다.

2. $B^c = \{x \in \mathbb{R} \mid x < 1\}$ 이므로

$$A \cap B^c = \{x \in \mathbb{R} \mid 0 < x < 1\}$$

이다.

문제 4.3

1. $A = \{x \in \mathbb{R} \mid x \geq 2\}$ 이고 $B = \{x \in \mathbb{R} \mid 1 < x < 5\}$ 일 때, $A \cup B$ 와 $A \cap B$, $A - B$ 를 구하여라.

2. 전체집합이 $U = \mathbb{R}$ 이고

$$A = \{x \in \mathbb{R} \mid x \geq 2\}, \ B = \{x \in \mathbb{R} \mid -1 < x < 5\}$$

일 때, $(A \cap B)^c$ 을 구하여라.

정의 4.4

모든 자연수들의 집합을 $\mathbb{N}$, 모든 정수들의 집합을 $\mathbb{Z}$, 모든 유리수들의 집합을 $\mathbb{Q}$, 모든 실수들의 집합을 $\mathbb{R}$, 그리고 모든 복소수들의 집합을 $\mathbb{C}$ 로 나타낸다.

정리 4.1

세 집합 A, B, C 에 대하여

$$A \cup (B \cup C) = (A \cup B) \cup C$$

이다.

증명 4.1

$$x \in A \cup (B \cup C)$$

일 때 $x \in A$ 이거나 $x \in B \cup C$ 이다.

$$x \in A$$

이면 $x \in A \cup B$ 이므로 $x \in (A \cup B) \cup C$ 이다.

$$x \in B \cup C$$

이면 $x \in B$ 또는 $x \in C$ 이다.

$$x \in B$$

이면 역시 $x \in A \cup B$ 이므로 $x \in (A \cup B) \cup C$ 이다. 또

$$x \in C$$

이면 $x \in (A \cup B) \cup C$ 이다. 따라서

$$A \cup (B \cup C) \subset (A \cup B) \cup C$$

이다. 마찬가지로

$$A \cup (B \cup C) \supset (A \cup B) \cup C$$

이다. 따라서

$$A \cup (B \cup C) = (A \cup B) \cup C$$

이다.

정의 4.5

두 집합 A, B 가 있을 때 이들의 원소 $a \in A$, $b \in B$ 를 $(a,\ b)$ 와 같은 모양으로 나타낸 것을 a, b 의 순서쌍이라 하고, 모든 A 의 원소들과 B 의 원소들의 순서쌍을 모은 집합을 A 와 B 의 **곱집합**이라 하고 $A \times B$ 로 나타낸다. 집합 A 와 B 의 곱집합 $A \times B$ 의 두 원소 $(a,\ b)$, $(c,\ d)$ 는 $a = c$ 이고 $b = d$ 일 때 같다 또는 상등이라고 하고 $(a,\ b) = (c,\ d)$ 로 나타낸다.

예를 들어 $A = \{1,\ 2,\ 3\}$ 이고 $B = \{3,\ 4\}$ 일 때, A 와 B 의 원소들의 순서쌍은

$$(1,\ 3),\ (1,\ 4),\ (2,\ 3),\ (2,\ 4),\ (3,\ 3),\ (3,\ 4)$$

이다. 따라서 A 와 B 의 곱집합은 다음과 같다.

$$A \times B = \{(1,\ 3),\ (1,\ 4),\ (2,\ 3),\ (2,\ 4),\ (3,\ 3),\ (3,\ 4)\}$$

예제 4.4

1. 두 집합 $A = \{x \in \mathbb{N} \mid 3 \leq x \leq 7\}$, $B = \{5,\ 9,\ 12\}$ 일 때, $A \times B$ 의 원소의 개수는?
2. 두 집합 $A = \{2,\ 3,\ 4,\ 5\}$, $B = \{x \in \mathbb{R} \mid 3 \leq x < 7\}$ 일 때,

$$\{(x,\ y) \in A \times B \mid x = y\}$$

의 원소를 모두 써라.

풀이

1. $(x,\ y) \in A \times B$ 일 때 x 는 A 의 원소이고 y 는 B 의 원소이다.

$$A = \{3,\ 4,\ 5,\ 6,\ 7\}$$

이므로 5 개의 원소를 가지고 B 의 원소는 3 개이다. 따라서 $A \times B$ 의 원소는 15 개이다.

2. $A \times B$ 의 원소 $(x,\ y)$ 가운데 $x = y$ 인 원소를 모두 쓰면 되므로

$$(3,\ 3),\ (4,\ 4),\ (5,\ 5)$$

이다.

문제 4.4

1. 두 집합 $A = \{x \in \mathbb{N} \mid 1 \leq x \leq 8\}$, $B = \{a,\ a+1,\ a+2\}$ 일 때, $A \times B$ 의 원소의 개수는?

2. **두 집합** $A = \mathbb{N},\ B = \{x \in \mathbb{R} \mid -1 < x < 5\}$ **일 때,**

$$\{(x,\ y) \in A \times B \mid x = y\}$$

의 원소를 모두 써라.

평면의 좌표 $(x,\ y)$ 는 두 실수의 순서쌍으로 생각할 수 있다. 따라서

$$\mathbb{R} \times \mathbb{R} = \{(x,\ y) \mid x,\ y \in \mathbb{R}\}$$

을 좌표평면으로 생각할 수 있다. 보통 $\mathbb{R} \times \mathbb{R}$ 을 $\mathbb{R}^2$ 으로 나타낸다. 마찬가지로

$$\mathbb{R}^3 = \{(x,\ y,\ z) \mid x,\ y,\ z \in \mathbb{R}\}$$

을 3 차원 공간으로 생각한다.

연습문제

1. A 가 집합이고 $\{x + 2 \mid x \in A\} = \{1,\ 2,\ 7\}$ 일 때, 집합 A 을 구하여라.

2. a 가 실수이고 $\{a + 3,\ 2a + 1,\ 4a - 1\}$ 의 원소 가운데 가장 큰 원소가 5 일 a 값을 구하여라.

3. $A = \{1,\ 2,\ 3,\ 4,\ 5\}$ 이고 B 는 3 의 배수들의 집합일 때, $C = \{x \in A \mid x + 1 \in B\}$ 를 구하여라.

4. $A = \{1,\ 2,\ 3\},\ B = \{3,\ 4,\ 5,\ 6,\ 7\}$ 일 때, $A \cup B,\ A \cap B,\ A - B$ 를 구하여라.

5. $\{(1,\ a),\ (2,\ b),\ (3,\ c)\} \subset \{(x,\ y) \mid x \in \mathbb{R},\ y = x + 3\}$ 일 때, $a,\ b,\ c$ 를 구하여라.

6. $A = \{1,\ 2,\ 3\},\ B = \{2,\ 3,\ 4\},\ C = \{3,\ 4,\ 5\}$ 일 때, $(A \times B) \cap (C \times A)$ 를 구하여라.

4.2 함수의 개념과 연산

다음의 보기들을 생각해보자.

1. 다음은 2010년 8월 첫째 주의 날짜별 최고기온을 표로 나타낸 것이다.

날짜	1	2	3	4	5	6	7
최고기온	35.2°C	25.5°C	24.8°C	31.0°C	37.1°C	34.9°C	29.9°C

2. 다음으로 한 변의 길이가 x 인 정사각형의 넓이 y 를 생각해보자. $x > 0$ 이어야 하고 $y = x^2$ 으로 나타낼 수 있다. 예를 들어 $x = 3$ 이면 $y = 9$ 이다.

위의 보기들과 같이 세상에는 한 가지 값이 변하면 다른 값도 따라서 변하는 경우가 많이 있는데, 이런 관계는 수학에서 많이 생길 뿐 아니라 수학의 여러 분야에서 매우 핵심적인 역할을 한다. 첫째 보기에서는 날짜가 변하면 최고기온이 변하고, 다음 보기에서는 한 변의 길이가 변하면 정사각형의 넓이가 변한다. 앞의 두 보기 가운데 하나에서는 이런 변화가 불규칙적이고 다른 하나에서는 규칙적이다. 이와 같이 한 가지 값이 변하면 다른 값이 따라서 변하는 관계를 함수 또는 사상이라 한다. 이 때 주어진 값에 따라서 변하는 값은 단 하나여야 한다. 앞의 보기들에서 날짜나 한 변의 길이와 같이 처음에 주어진 값을 독립변수라 하고 최고 기온이나 넓이 같이 독립변수에 따라 변하는 값을 종속변수라 한다. 첫째 보기에서는 독립 변수는 날짜인데, 이는 1 에서 7 까지의 자연수로 나타낼 수 있고 뒤의 보기에서 독립변수는 양의 실수이다. 위의 두 보기에서 종속변수는 단위를 생략하면 모두 실수로 생각할 수 있다. 이와 같이 독립변수가 변하는 범위를 집합으로 나타낸 것을 정의역이라 하고 종속변수가 변하는 범위를 공역이라 한다. 함수를 보통 알파벳 소문자로 나타내는데, 정의역이 집합 X 이고 공역이 집합 Y 인 함수를 $f : X \to Y$ 로 나타낸다.

앞의 첫째 보기에서는 정의역이 $\{1, 2, \cdots, 7\}$ 이고 둘째 보기에서는 정의역이 $\{x \in \mathbb{R} \mid x > 0\}$ 이며, 두 보기 모두 공역은 $\mathbb{R}$ 이다.

함수를 나타내기 위해서는 정의역의 모든 값에 대해 함숫값을 주어야 하는데, 첫째 보기 에서 주어진 함수를 f 라 하면 함숫값은 특별한 규칙이 없으므로 앞의 보기에서와 같이 표로 만들거나 $f(1) = 35.2,\ f(2) = 25.5,\ \cdots,\ f(7) = 29.9$ 와 같이 모두 나열해야 한다. 그러나 둘째 보기에서 주어진 함수를 g 라 하면 함수 g 는 식 $g(x) = x^2$ 으로 나타낼 수 있다.

다시 말해 $g(3) = 3^2 = 9,\ g(5) = 5^2 = 25,\ g(2.1) = 2.1^2 = 4.41$ 과 같이 주어진 식의 x 에 숫자를 대입하여 계산하면 원하는 함숫값을 모두 얻을 수 있다. 이를 종합하면 g 는

$g : \{x \in \mathbb{R} \mid x > 0\} \to \mathbb{R},\ g(x) = x^2$ 으로 나타낼 수 있다. 또 함수 g 를 $x > 0$ 일 때 $g(x) = x^2,\ g(x) = x^2 (x > 0)$ 또는 $y = x^2\ (x > 0)$ 으로 나타내기도 한다. 이 때 x 는 독립변수이고 y 는 종속변수이다. 이런 의미에서 함수 f 를 함수 $f(x)$ 로 나타내기도 한다. 이런 방법을 쓰면 정의역의 원소의 개수가 무한히 많아도 매우 간단하고 편리하게 함수를 나타낼 수 있다. 이와 같이 함수를 식으로 나타내는 방법을 발견하고 이를 발전시키면서 수학은 비약적으로 발전하였다. 위의 사실들을 정리하여 함수를 다시 엄밀하게 정의하면 다음과 같다.

정의 4.6

두 집합 $X,\ Y$ 가 주어졌을 때 집합 X 로부터 집합 Y 로의 **함수** f 는 X 의 각 원소에 대해 Y 의 원소를 단 하나 대응시키는 대응관계이다. 이 때 X 를 **정의역**이라 하고 Y 를 **공역**이라 한다. 정의역이 X 이고 공역이 Y 인 함수는 $f : X \to Y$ 로 나타낸다.

정의 4.7 함수의 상등

집합 X 로부터 집합 Y 로의 두 함수 $f,\ g$ 에 대해 f 와 g 의 정의역이 같고 모든 X 의 원소 x 에 대해 $f(x) = g(x)$ 이면 두 함수 $f,\ g$ 는 같다고 하고 기호로 $f = g$ 로 나타낸다. 또 두 함수 $f,\ g$ 가 같은 함수가 아니면 기호로 $f \neq g$ 로 나타낸다.

다음은 서로 다른 방법으로 나타난 두 함수가 같은 경우를 몇 가지 예를 든 것이다.

1. $X = \{1,\ 2,\ 3\},\ Y = \mathbb{R},\ f,\ g : X \to Y$ 이고 $f(1) = 2,\ f(2) = 4,\ f(3) = 6$ 이며 $g(x) = 2x$ 일 때, $f = g$ 이다.

2. $X = \{-1,\ 0,\ 1\},\ Y = \mathbb{R},\ f,\ g : X \to Y$ 이고 $f(x) = x,\ g(x) = x^3$ 일 때, $f = g$ 이다.

3. $X = \{0,\ 1,\ 2\},\ Y = \mathbb{R},\ f,\ g : X \to Y$ 이고 $f(x) = x,\ g(x) = x^3$ 일 때, $f(2) = 2 \neq 8 = g(2)$ 이므로 $f \neq g$ 이다.

4. $X = \mathbb{Z},\ Y = \mathbb{R},\ f,\ g : X \to Y,\ f(x) = \begin{cases} 1, & x \text{ 는 짝수} \\ -1, & x \text{ 는 홀수} \end{cases},\ g(x) = (-1)^x$ 이면 $f = g$ 이다.

예제 4.5

1. $X = \mathbb{Z},\ Y = \mathbb{R},\ f,\ g : X \to Y$ 이고 $f(x) = x + a,\ g(x) = x + b$ 일 때 $f = g$ 이면 $a = b$ 임을 보여라.
2. $X = \mathbb{Z},\ Y = \mathbb{R},\ f,\ g : X \to Y$ 이고 $f(x) = ax + b,\ g(x) = 0$ 일 때 $f = g$ 이면 $a = b = 0$ 임을 보여라.

풀이

1. $f = g$ 이므로 $a = f(0) = g(0) = b$ 이다.
2. $f = g$ 이므로 $b = f(0) = g(0) = 0$ 이다. 그리고

$$f(1) = a \cdot 1 + 0 = a = g(1) = 0$$

이므로 $a = 0$ 이다.

문제 4.5

1. $f,\ g : \mathbb{R} \to \mathbb{R}$ 이고 $f(x) = ax,\ g(x) = bx$ 일 때 $f = g$ 이면 $a = b$ 임을 보여라.
2. $X = \mathbb{Z},\ Y = \mathbb{R},\ f,\ g : X \to Y$ 이고 $f(x) = ax^2,\ g(x) = bx + c$ 일 때 $f = g$ 이면 $a = b = c = 0$ 임을 보여라.

정의 4.8 항등함수

정의역과 공역이 모두 같은 집합 X 이고 모든 $x \in X$ 에 대해 $f(x) = x$ 일 때 f 를 항등함수라 한다. 집합 X 로부터 X 로의 항등함수를 보통 I_X 로 나타낸다.

정의 4.9 상수함수

f 가 집합 X 로부터 집합 Y 로의 함수이고 c 가 Y 의 한 원소일 때 모든 $x \in X$ 에 대해 $f(x) = c$ 이면 f 를 상수함수라 한다. 이 때 $f = c$ 로 나타낸다.

정의 4.10 함수의 사칙연산

$f,\ g$ 가 모두 집합 X 로부터 모든 실수의 집합 $\mathbb{R}$ 로의 함수이고 a 가 실수일 때 두 함수 f 와 g 의 합 $f+g$, 차 $f-g$, 상수와 f 의 곱 af, f 와 g 의 곱 $f \cdot g$ 를 다음과 같이 정의한다.

$$f+g,\ f-g,\ af,\ f\cdot g : X \to \mathbb{R}$$

그리고 모든 $x \in X$ 에 대해

$$\begin{aligned}
&(f+g)(x) = f(x)+g(x),\\
&(f-g)(x) = f(x)-g(x),\\
&af(x) = af(x),\\
&(f\cdot g)(x) = f(x)g(x).
\end{aligned}$$

또 모든 $x \in X$ 에 대해 $g(x) \neq 0$ 이면 f 를 g 로 나눈 몫 $\dfrac{f}{g} : X \to \mathbb{R}$ 을 다음과 같이 정의한다. 모든 $x \in X$ 에 대해

$$\left(\frac{f}{g}\right)(x) = \frac{f(x)}{g(x)}.$$

$$\begin{aligned}
&f,\ g : \mathbb{R} \to \mathbb{R},\ f(x) = 3x-1,\ g(x) = x^2+3 \text{ 일 때}\\
&(f+g)(x) = x^2+3x+2,\\
&(f-g)(x) = -x^2+3x-4,\\
&(5f)(x) = 15x-5,\\
&(f\cdot g)(x) = 3x^3-x^2+9x-3
\end{aligned}$$

이고

$$\left(\frac{f}{g}\right)(x) = \frac{3x-1}{x^2+3}$$

이다.

예제 4.6

1. $f,\ g:\mathbb{R}\to\mathbb{R},\ f(x)=x+2,\ g(x)=5x-4$ 일 때 $3f+2g$ 와 $f\cdot g$ 를 구하여라.
2. $f,\ g:\mathbb{R}\to\mathbb{R}$ 이고 $f,\ g$ 가 모두 상수함수이면 $f-g$ 와 $f\cdot g$ 도 상수함수임을 보여라.

풀이

1. 모든 x 에 대해

$$(3f+2g)(x)=3f(x)+2g(x)=3(x+2)+2(5x-4)=13x-2$$

이고

$$(f\cdot g)(x)=(x+2)(5x-4)=5x^2+6x-8$$

이다.

2. $f,\ g$ 가 모두 상수함수이므로 $f(x)=c,\ g(x)=d$ 인 상수 $c,\ d$ 가 있다. 이 때 모든 $x\in X$ 에 대해

$$(f-g)(x)=f(x)-g(x)=c-d$$

이고

$$(f\cdot g)(x)=f(x)g(x)=cd$$

이므로 $f-g$ 와 $f\cdot g$ 는 상수함수이다.

문제 4.6

$f,\ g:\mathbb{R}\to\mathbb{R},\ f(x)=3x+2,\ g(x)=x-1$ 일 때 f^2+g^2 을 구하여라.

밑면이 한 변의 길이가 x 인 정사각형이고 높이가 9 인 사각뿔의 부피 $h(x)$ 를 구해보자. 우리는 밑면이 한 변의 길이가 x 인 정사각형의 넓이 $f(x)$ 를 함수로 나타내면 $f(x)=x^2$ 이 란 것과 밑면의 넓이가 y 이고 높이가 9 인 사각뿔의 부피는 $g(y)=3y$ 라는 두 가지 사실로 부터 우리가 구하려고 하는 사각뿔의 부피를

$$h(x)=g(f(x))=g\left(x^2\right)=3x^2$$

과 같이 구할 수 있다. 이와 같이 수학에서, 그리고 수학이 응용되는 여러 가지 상황에서 두 함수를 연결하여 새로운 함수를 만들어야 할 필요가 있는 경우가 많다. 이를 함수의 합성이 라 하는데 이에 대한 정확한 정의는 다음과 같다.

정의 4.11 합성함수

세 집합 X, Y, Z 와 두 함수 $f : X \to Y,\ g : Y \to Z$ 가 주어졌을 때 g 와 f 의 합성함수 $g \circ f : X \to Z$ 는 다음과 같이 정의한다. 모든 $x \in X$ 에 대해

$$(g \circ f)(x) = g(f(x)).$$

예제 4.7

1. $f,\ g : \mathbb{R} \to \mathbb{R},\ f(x) = x^2 - 1,\ g(x) = x^3$ 일 때 $f \circ g$ 와 $g \circ f$ 를 구하여라.
2. $f,\ g : \mathbb{R} \to \mathbb{R}$ 이고 f 가 항등함수이면 $f \circ g = g$ 임을 보여라.

풀이

1. 모든 x 에 대해

$$(f \circ g)(x) = f(g(x)) = f\left(x^3\right) = \left(x^3\right)^2 - 1 = x^6 - 1$$

이고

$$(g \circ f)(x) = g(f(x)) = g\left(x^2 - 1\right) = \left(x^2 - 1\right)^3 = x^6 - 3x^4 + 3x^2 - 1$$

이다.

2. f 가 항등함수이므로 모든 x 에 대해 $f(x) = x$ 이다. 이 때 모든 $x \in X$ 에 대해

$$(f \circ g)(x) = f(g(x)) = g(x)$$

이므로

$$f \circ g = g$$

이다.

문제 4.7

1. $f,\ g:\mathbb{R}\to\mathbb{R},\ f(x)=x^2,\ g(x)=2x-1$ 일 때 $f\circ g$ 와 $g\circ f$ 를 구하여라.
2. $f,\ g:\mathbb{R}\to\mathbb{R}$ 이고 f 또는 g 가 상수함수이면 $f\circ g$ 도 상수함수임을 보여라.

연습문제

1. $X=\{-1,\ 0,\ 1\},\ f,\ g:X\to\mathbb{R}$ 이고 $f(x)=ax^2+b,\ g(x)=(-1)^x$ 일 때 $f=g$ 가 성립하는 $a,\ b$ 를 구하여라.

2. $f,\ g:\mathbb{R}\to\mathbb{R}$ 이고 $f(x)=ax^5+bx^4,\ g(x)=cx$ 일 때 $f=g$ 이면 $a=b=c=0$ 임을 보여라.

3. $f,\ g:\mathbb{R}\to\mathbb{R},\ f(x)=2x+3,\ (3f+2g)(x)=0$ 일 때 $g(x)$ 를 구하여라.

4. $f,\ g:\mathbb{R}\to\mathbb{R},\ f(x)=2x^2,\ g(x)=3x-2$ 일 때 $f\circ g$ 와 $g\circ f$ 를 구하여라.

5. $f,\ g:\mathbb{R}\to\mathbb{R},\ f(x)=2x+1,\ g\circ f(x)=3x^2$ 일 때 $g(x)$ 를 구하여라.

4.3 역함수

앞 절에서 함수의 보기 가운데 하나로 $x > 0$ 일 때 한 변의 길이가 x 인 정사각형의 넓이를 나타내는 함수 $f(x) = x^2$ 을 들었다. 그런데 거꾸로 $x > 0$ 일 때 넓이가 x 인 정사각형의 한 변의 길이를 함수로 나타낼 수 없을까 하는 문제를 생각해보자. 넓이가 같은 정사각형은 모두 합동이므로, 이 때 한 변의 길이는 언제나 일정하다. 따라서 넓이가 x 인 정사각형 한 변의 길이는 함수로 나타낼 수 있다. 그리고 이 함수를 g 라 하면 $g(x) = y$ 일 때 $f(y) = y^2 = x$ 이므로 $g(x) = y = \sqrt{x}$ 이다. 이렇게 어떤 함수와 같은 문제를 반대 방향에서 생각하여 함수로 나타낸 것을 주어진 함수의 역함수라 한다.

보통 어떤 함수가 무슨 행동을 하거나 계산을 한 결과일 때 역함수는 그 행동이나 계산을 거꾸로 한 결과로 해석할 수 있다. 어떤 고속도로에서 차량의 위치를 기준점으로부터의 거리로 나타낼 때 한 자동차의 위치가 x km 이면 이 위치에서 100 km 앞으로 주행한 위치는 $(x + 100)$km 이고, 이를 함수로 나타내면 $f(x) = x + 100$ 이다. 이 때 $f(x)$ 의 역함수 $g(x) = x - 100$ 은 100 km 앞으로 주행한 후의 위치로부 터 주행하기 전의 위치를 찾아낸 것으로 볼 수도 있고, 자동차의 현재 위치에서 반대 방향으로 100 km 주행한 결과로 볼 수도 있다. 따라서 주어진 함수와 역함수는 서로 매우 밀접한 관련이 있다.

그런데 실제로 모든 함수가 역함수를 가지지는 않는다. 예를 들어 사람마다 생일이 있지만 생일만으로 그 사람이 누군지를 판단할 수 없다. 생일이 같은 사람도 많기 때문이다. 또 정사각형의 넓이를 실수로 나타낼 수 있지만 넓이가 -1 인 정사각형이 없듯이 주어진 실수를 넓이로 갖는 정사각형이 있다고 할 수도 없다. 이런 경우는 역함수를 가질 수 없다. 따라서 우리는 어떤 함수가 역함수를 가질 조건을 생각해보자.

정의 4.12

집합 X 로부터 집합 Y 로의 함수 f 가 $x \neq y$ 인 모든 $x, y \in X$ 에 대해 항상 $f(x) \neq f(y)$ 이면 f 를 **일대일 함수** 또는 **단사함수**라 한다.

함수 $f : X \to Y$ 가 일대일 함수라는 것과 $f(x) = f(y)$ 인 모든 $x,\ y \in X$ 에 대해 항상 $x = y$ 가 성립한다는 사실은 동치이다.

예제 4.8

다음 함수들이 일대일 함수인가 여부를 결정하여라.

1. $f_1 : \mathbb{R} \to \mathbb{R},\ f_1(x) = 3x - 7$
2. $f_2 : \mathbb{R} \to \mathbb{R},\ f_2(x) = 2x^3$
3. $f_3 : \mathbb{R} \to \mathbb{R},\ f_3(x) = x^2 + 4x$

풀이

1. $x \neq y$ 이면

$$f_1(x) - f_1(y) = (3x - 7) - (3y - 7) = 3(x - y) \neq 0$$

이다. 그러므로

$$f_1(x) \neq f_1(y)$$

이고, 따라서 f_1 은 일대일 함수이다.

2. $x \neq y$ 이면

$$f_2(x) - f_2(y) = 2x^3 - 2y^2 = 2(x - y)\left(x^2 + xy + y^2\right) \neq 0$$

이다. 그러므로

$$f_2(x) \neq f_2(y)$$

이고, 따라서 f_2 는 일대일 함수이다.

3. $-4 \neq 0$ 이지만

$$f_3(-4) = 0 = f_3(0)$$

이다. 따라서 f_3 은 일대일 함수가 아니다.

문제 4.8

다음 함수들이 일대일 함수인가 여부를 결정하여라.

1. $f_1 : \mathbb{R} \to \mathbb{R},\ f_1(x) = -2x + 3$

2. $f_2 : \mathbb{R} \to \mathbb{R},\ f_2(x) = x^2 - x + 3$

3. $f_3 : \mathbb{R} \to \mathbb{R},\ f_3(x) = \begin{cases} x^3, & x \geq 0 \\ -1, & x < 0 \end{cases}$

정의 4.13

집합 X 로부터 집합 Y 로의 함수 f 에 대해

$$\mathrm{Im}(f) = \{f(x) \mid x \in X\}$$

를 f 의 상 또는 **치역**이라 한다. 그리고

$$\mathrm{Im}(f) = Y$$

이면 f 를 Y 위로의 함수 또는 **전사함수**라 한다. f 가 일대일 함수이고 Y 위로의 함수이면 f 는 일대일 대응 또는 **전단사함수**라 한다. f 가 Y 위로의 함수라는 사실과 모든 $y \in Y$ 에 대해 항상 $f(x) = y$ 를 만족하는 $x \in X$ 가 있다는 사실은 동치이다.

예제 4.9

다음 함수들이 $\mathbb{R}$ 위로의 함수인가 여부를 결정하여라.

1. $f_1 : \mathbb{R} \to \mathbb{R},\ f_1(x) = 2x + 3$
2. $f_2 : \mathbb{R} \to \mathbb{R},\ f_2(x) = x^2 - x$

풀이

1. $y \in \mathbb{R}$ 일 때 $x = \dfrac{y-3}{2}$ 이면

$$f(x) = f\left(\frac{y-3}{2}\right) = 2\left(\frac{y-3}{2}\right) = y$$

이므로 f 는 $\mathbb{R}$ 위로의 함수이다.

2. 모든 $x \in \mathbb{R}$ 에 대해

$$f(x) = x^2 - x \geq -\frac{1}{4}$$

이므로 $f(x) = -1$ 이 되는 x 가 없다. 따라서 f 는 $\mathbb{R}$ 위로의 함수가 아니다.

문제 4.9

다음 함수들이 $\mathbb{R}$ 위로의 함수인가 여부를 결정하여라.

1. $f_1 : \mathbb{R} \to \mathbb{R},\ f_1(x) = -8x + 1$
2. $f_2 : \mathbb{R} \to \mathbb{R},\ f_2(x) = 5x^2 + 3$

예제 4.10

1. $f : \mathbb{R} \to \mathbb{R},\ f(x) = \begin{cases} x^2, & x \geq 0 \\ -x^2, & x < 0 \end{cases}$ 이면 f 는 일대일 대응임을 보여라.

   [풀이] $x, y \in \mathbb{R}$ 이고 $f(x) = f(y)$ 일 때

   $$f(x)^2 = x^4 = y^4 = f(y)^2$$

   이므로 $x = y$ 또는 $x = -y$ 이다.

   이 때 $x > 0$ 이면

   $$f(x) = x^2 \neq -x^2 = f(-x)$$

   이고 $x < 0$ 이면

   $$f(x) = -x^2 \neq x^2 = f(-x)$$

   이므로 모순이다. 따라서 $x = y$ 이고, 그러므로 f 는 일대일 함수이다. 모든 $y \in \mathbb{R}$ 에 대해 $y \geq 0$ 이면 $f(\sqrt{y}) = y$ 이고 $y < 0$ 이면 $-y > 0$ 이다. 이 때

   $$f(-\sqrt{-y}) = -(-\sqrt{-y})^2 = y$$

   이므로 f 는 $\mathbb{R}$ 위로의 함수이다. 따라서 f 는 일대일 대응이다.

문제 4.10

$f : \mathbb{R} \to \mathbb{R},\ f(x) = \begin{cases} x, & x \geq 0 \\ 2x, & x < 0 \end{cases}$ 이면 f 는 일대일 대응임을 보여라.

정의 4.14 역함수

집합 X 로부터 집합 Y 로의 함수 f 가 있을 때 모든 $x \in X$ 에 대해 $f(x) = y$ 이면 항상 $g(y) = x$ 가 성립하는 함수 $g : Y \to X$ 를 f 의 역함수라 하고 $g = f^{-1}$ 로 나타낸다.

다음은 $X = \{1,\ 2,\ 3\}$ 이고, $Y = \{4,\ 5,\ 6\}$ 일 때, $f(1) = 5,\ f(2) = 6,\ f(3) = 4$인 함수 f와 f의 역함수 f^{-1} 를 그림으로 나타낸 것이다.

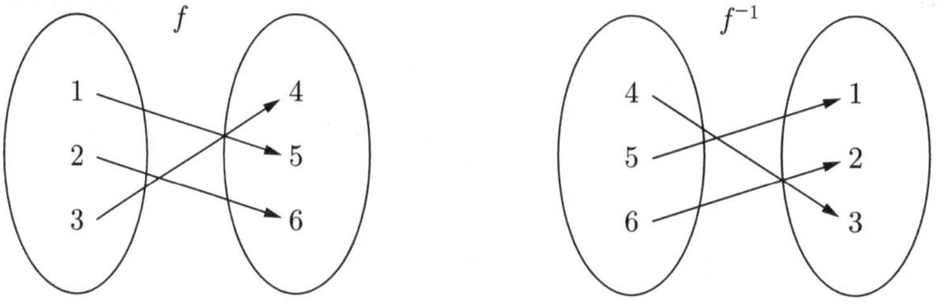

그림 4.1 f와 f^{-1}

예제 4.11

1. $f : \mathbb{R} \to \mathbb{R}, f(x) = 5x + 3$ 일 때 f 의 역함수를 구하여라.
2. $X = \{x \in \mathbb{R} \mid x > 0\}$ 이고 $f : X \to X,\ f(x) = x^2$ 일 때 f 의 역함수를 구하여라.

풀이

1. $y = f(x) = 5x + 3$ 일 때 $x = \dfrac{y-3}{5}$ 이므로 $f^{-1}(x) = \dfrac{x-3}{5}$ 이다.
2. $y = f(x) = x^2$ 일 때 $x = \sqrt{y}$ 이므로 $f^{-1}(x) = \sqrt{x}$ 이다.

문제 4.11

1. $f : \mathbb{R} \to \mathbb{R},\ f(x) = 7x - 8$ 일 때 f 의 역함수를 구하여라.
2. $f : \mathbb{R} \to \mathbb{R},\ f(x) = x^3$ 일 때 f 의 역함수를 구하여라.

정리 4.2

집합 X 로부터 집합 Y 로의 함수 f 는 일대일 대응일 때 역함수 f^{-1} 를 가지면 $f \circ f^{-1}: Y \to X$ 와 $f^{-1} \circ f : X \to Y$ 는 모두 항등함수이다.

예를 들어 $f : \mathbb{R} \to \mathbb{R},\ f(x) = 3x + 2$ 라 하자. 이 때 $y = 3x + 2$ 에서 $x = \dfrac{y-2}{3}$ 이므로 $f^{-1}(x) = \dfrac{x-2}{3}$ 이다. 그러면 모든 x 에 대해

$$f \circ f^{-1}(x) = f\left(f^{-1}(x)\right) = f\left(\frac{x-2}{3}\right) = 3\left(\frac{x-2}{3}\right) + 2 = x$$

이고

$$f^{-1} \circ f(x) = f^{-1}(f(x)) = f^{-1}(3x+2) = \frac{(3x+2)-2}{3} = x$$

이므로 $f \circ f^{-1}$ 와 $f^{-1} \circ f$ 는 모두 항등함수이다.

정리 4.3

집합 X 로부터 집합 Y 로의 함수 f 는 일대일 대응일 때 역함수를 가지고, f 가 역함수를 가지면 f 는 일대일 대응이다. $f : X \to Y$ 가 일대일 함수일 때, $Z = \mathrm{Im}(f)$ 일 때 f 가 Y 위로의 함수가 아니더라도 f 는 X 로부터 Z 위로의 함수로 생각할 수 있으므로 이 때 f 의 역함수 $f^{-1} : Z \to X$ 를 생각할 수 있다.

연습문제

1. 다음 함수들이 일대일 함수인지 아닌지를 결정하여라.

   (a) $f : \mathbb{R} \to \mathbb{R},\ f(x) = x^3 + 5$

   (b) $f : \mathbb{R} \to \mathbb{R},\ f(x) = 2x^3 + x^2$

   (c) $f : \mathbb{R} \to \mathbb{R},\ f(x) = \begin{cases} 0, & x = 0 \\ \dfrac{1}{x}, & x \neq 0 \end{cases}$

2. 다음 함수들이 $\mathbb{R}$ 위로의 함수인지 아닌지를 결정하여라.

(a) $f : \mathbb{R} \to \mathbb{R},\ f(x) = \begin{cases} x^2, & x \geq 0 \\ 2x, & x < 0 \end{cases}$ (b) $f : \mathbb{R} \to \mathbb{R},\ f(x) = \dfrac{x}{x^2+1}$

3. 다음 함수들의 역함수를 구하여라.

(a) $f : \mathbb{R} \to \mathbb{R},\ f(x) = 7x - 4$

(b) $f : X \to \mathbb{R},\ f(x) = x^2 + 2x(X = \{x \in \mathbb{R} \mid x > 0\})$

4. $X = \{x \in \mathbb{R} \mid x > 0\}$ 이고 $f : X \to X, f(x) = \sqrt{x+4} - 2$ 일 때 $g : X \to X$ 이고 모 든 $x \in X$ 에 대해 $f \circ g(x) = x,\ g \circ f(x) = x$ 인 함수 g 를 구하여라.

4.4 함수의 그래프

함수 $f : X \to Y$ 의 그래프는 곱집합 $X \times Y$ 의 부분집합 $\{(x,\ f(x)) \in X \times Y \mid x \in X\}$ 이다. 특히 $X \subset \mathbb{R}$ 이고 $Y = \mathbb{R}$ 일 때 f 의 그래프를 좌표평면에 그릴 수 있다. 다시 말해 모든 $x \in X$ 에 대해 점 $(x,\ f(x))$ 를 모두 평면에 나타내면 그것이 함수 $f(x)$ 의 그래프이다. $f : \mathbb{R} \to \mathbb{R},\ f(x) = ax + b$ 일 때 일차함수 $f(x)$ 의 그래프는 직선이다. 아래 그림은 일차 함수 $f(x) = x + 1$ 과 $f(x) = 2x - 1$ 의 그래프를 좌표평면에 나타낸 것이다.

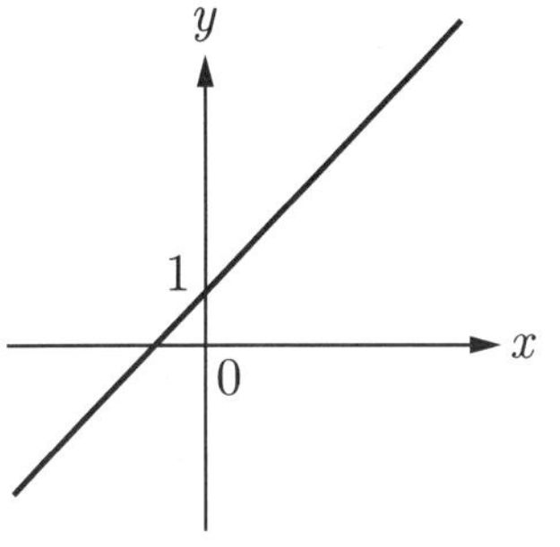

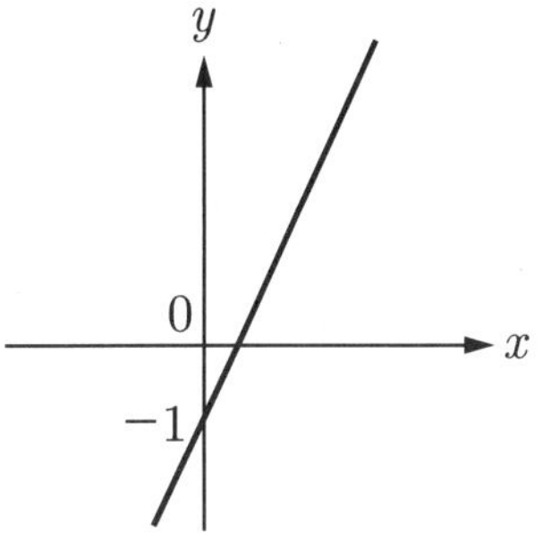

그림 4.2 일차 함수의 그래프

다음은 2 장에서 배운 직선의 방정식에 대한 내용을 일차함수에 대한 내용으로 바꿔 쓴 것이다.

정의 4.15

일차함수의 그래프 $y = ax + b$ 에서 a 를 이 직선의 기울기라 한다.

정리 4.4

기울기가 a 이고 $f(p) = q$ 인 일차함수는

$$f(x) = a(x - p) + q = ax - pa + q$$

이다.

정리 4.5

일차함수 $f(x)$ 가 $p_1 \neq p_2$ 인 두 실수 $p_1,\ p_2$ 에 대해

$$f(p_1) = q_1$$

이고

$$f(p_2) = q_2$$

이면

$$f(x) = \frac{q_2 - q_1}{p_2 - p_1}(x - p_1) + q_1$$

이다.

예제 4.12

1. 기울기가 3 이고 $f(1) = -1$ 인 일차함수 $f(x)$ 는?
2. $f(1) = 2$ 이고 $f(3) = -5$ 인 일차함수 $f(x)$ 는?

풀이

1. 정리 4.4에 의해

$$f(x) = 3(x-1) - 1 = 3x - 4$$

이다.

2. 정리 4.5 에 의해

$$f(x) = \frac{-5-2}{3-1}(x-1) + 2 = -\frac{7}{2}x + \frac{11}{2}$$

이다.

문제 4.12

1. 기울기가 5 이고 $f(2) = 3$ 인 일차함수 $f(x)$ 는?
2. $f(-1) = 0$ 이고 $f(2) = -5$ 인 일차함수 $f(x)$ 는?

정의 4.16

$a,\ b$ 가 $a<b$ 인 실수일 때,

$$\begin{aligned}(a,\ b) &= \{x\in\mathbb{R} \mid a<x<b\},\\ [a,\ b) &= \{x\in\mathbb{R} \mid a\le x<b\},\\ (a,\ b] &= \{x\in\mathbb{R} \mid a<x\le b\},\\ [a,\ b] &= \{x\in\mathbb{R} \mid a\le x\le b\}\end{aligned}$$

를 구간이라 하고 특히 $(a,\ b)$ 를 **개구간**, $[a,\ b]$ 를 **폐구간**이라 한다. 그리고 무한대 기호 ∞ 를 사용하여 나타낸 집합

$$\begin{aligned}(a,\ \infty) &= \{x\in\mathbb{R} \mid x>a\},\\ [a,\ \infty) &= \{x\in\mathbb{R} \mid x\ge a\},\\ (-\infty,\ a) &= \{x\in\mathbb{R} \mid x<a\},\\ (-\infty,\ a] &= \{x\in\mathbb{R} \mid x\le a\},\\ (-\infty,\ \infty) &= \mathbb{R}\end{aligned}$$

도 구간으로 생각한다.

정의 4.17

X 가 구간일 때 $f:X\to\mathbb{R}$ 가 $x<y$ 인 모든 $x,\ y\in X$ 에 대해

$$f(x)\le f(y)$$

이면 $f(x)$ 는 **증가함수**라 하고, $x<y$ 인 모든 $x,\ y\in X$ 에 대해

$$f(x)\ge f(y)$$

이면 $f(x)$ 는 **감소함수**라 한다. 특히 $x<y$ 인 모든 $x,y\in X$ 에 대해

$$f(x)<f(y)$$

이면 $f(x)$ 는 **단조증가함수**라 하고, $x<y$ 인 모든 $x,\ y\in X$ 에 대해

$$f(x)>f(y)$$

이면 $f(x)$ 는 **단조감소함수**라 한다.

예제 4.13

다음 함수들 가운데 증가함수를 찾아라.

1. $f : \mathbb{R} \to \mathbb{R},\ f(x) = 9x - 4$
2. $f : (0,\ \infty) \to \mathbb{R},\ f(x) = x^2 + x$
3. $f : (0,\ \infty) \to \mathbb{R},\ f(x) = x^2 - 3x$
4. $f : \mathbb{R} \to \mathbb{R},\ f(x) = \begin{cases} x, & x \geq 0 \\ 2x, & x < 0 \end{cases}$

풀이

1. $x < y$ 일 때

$$f(y) - f(x) = 9y - 4 - (9x - 4) = 9(y - x) > 0$$

이므로

$$f(x) < f(y)$$

이다. 따라서 f 는 증가함수이다.

2. $x < y$ 일 때

$$f(y) - f(x) = \left(y^2 + y\right) - \left(x^2 + x\right) = (y - x)(x + y + 1) > 0$$

이므로

$$f(x) < f(y)$$

이다. 따라서 f 는 증가함수이다.

3. $f(1) = f(2) = -2$ 이므로 f 는 증가함수가 아니다.

4. $0 < x < y$ 일 때

$$f(y) - f(x) = y - x > 0$$

이므로 $f(x) < f(y)$ 이다. $x < 0 < y$ 일 때

$$f(x) = 2x < 0 < y = f(y)$$

이므로 $f(x) < f(y)$ 이다. $x < y < 0$ 일 때

$$f(y) - f(x) = 2y - 2x = 2(y - x) > 0$$

이므로 $f(x) < f(y)$ 이다. 따라서 f 는 증가함수이다.

문제 4.13

다음 함수들 가운데 감소함수를 찾아라.

1. $f : \mathbb{R} \to \mathbb{R},\ f(x) = -5x + 1$
2. $f : (-\infty, 1) \to \mathbb{R},\ f(x) = x^2 + 2x$
3. $f : (0, \infty) \to \mathbb{R},\ f(x) = -x^2 - 2x$
4. $f : \mathbb{R} \to \mathbb{R},\ f(x) = \begin{cases} -3x, & x \geq 0 \\ x, & x < 0 \end{cases}$

증가함수와 감소함수는 그래프를 보고 금방 판단할 수 있다. 좌표평면에서 x 값은 x 축을 따라 왼쪽에서 오른쪽으로 가면서 증가하고 y 값은 y 축을 따라 아래에서 위로 가면서 증가하므로 증가함수의 그래프는 왼쪽에서부터 그리면 점점 올라가는 모양이다.

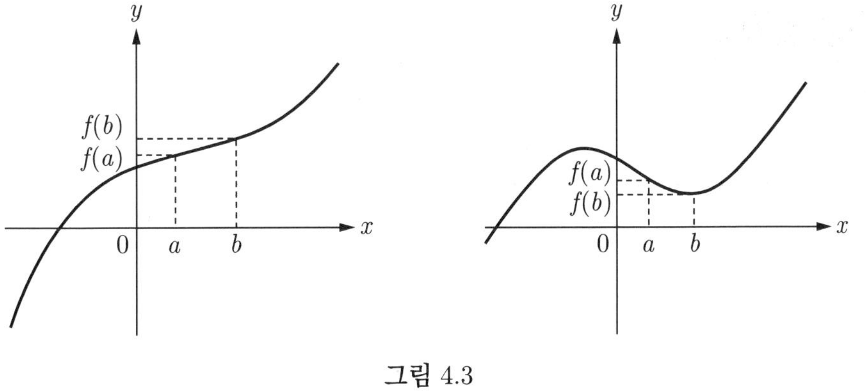

그림 4.3

예제 4.14

다음 그래프 가운데 증가 함수를 찾아라.

(1)

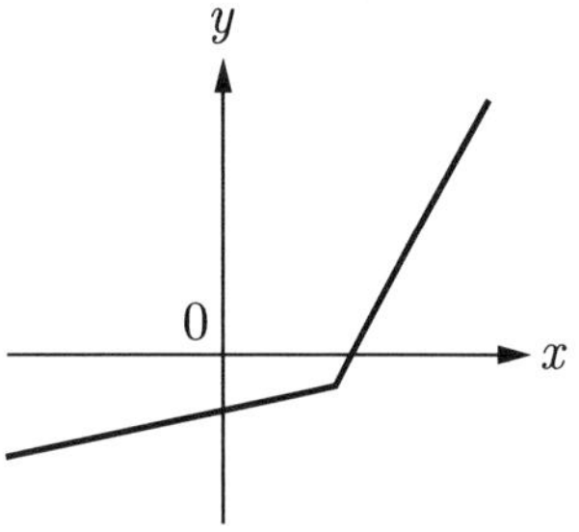

(2)

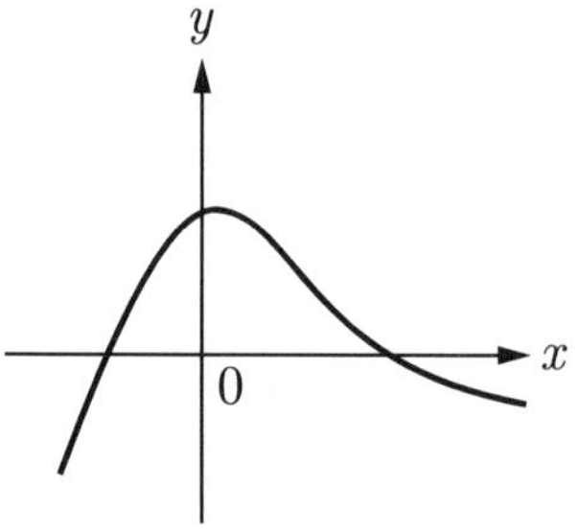

(3)

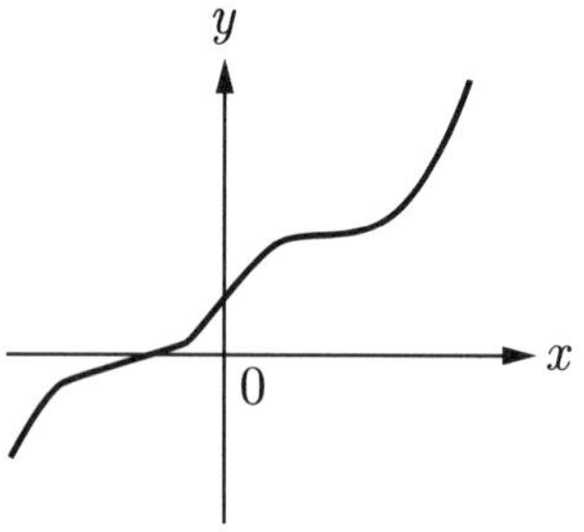

[**풀이**] (1)과 (3)이 증가함수이다.

문제 4.14

다음 그래프 가운데 감소함수를 찾아라.

(1)

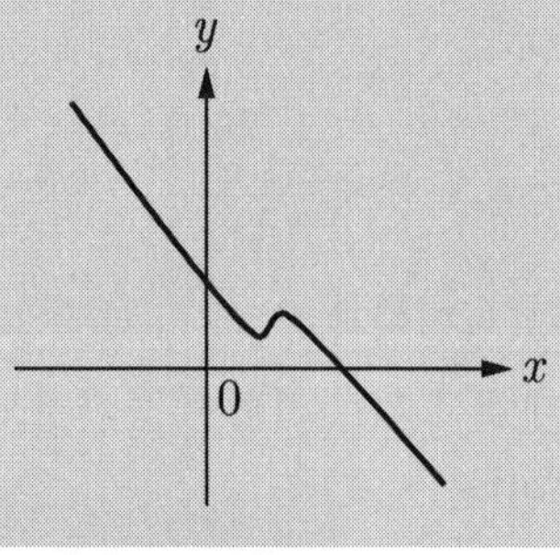

(2)

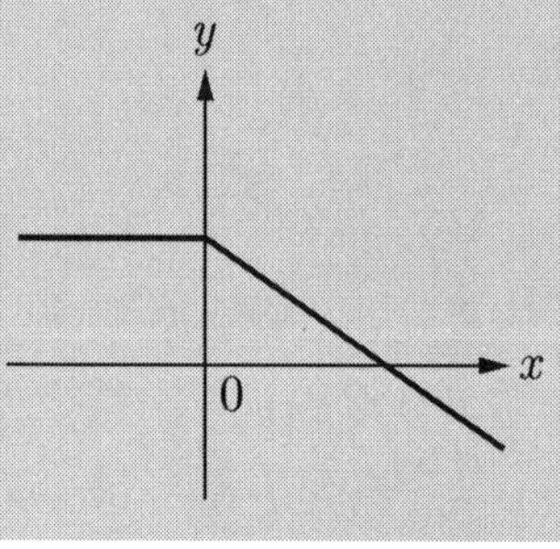

(3)

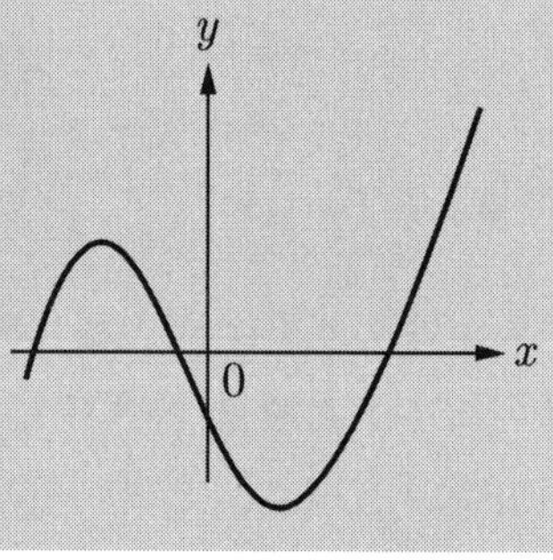

정리 4.6

구간 X 로부터 $\mathbb{R}$ 로의 함수 f 가 단조증가 또는 단조감소함수이고 $Y = \mathrm{Im}(f)$ 이면 f 는 역함수 $f^{-1} : Y \to \mathbb{R}$ 를 가진다.

연습문제

1. 기울기가 2 이고 $f(1) = 3$ 인 일차함수가 $f(x)$ 일 때 $f(2)$ 를 구하여라.

2. $f(1) = a, f(3) = 2 - a$ 인 일차함수의 그래프 기울기가 2 일 때 a 를 구하여라.

3. $a > 0$ 일 때 $f(x) = ax + b$ 는 증가함수임을 보여라.

4. $f(x),\ g(x)$ 가 모두 $\mathbb{R}$ 로부터 $\mathbb{R}$ 로의 증가함수일 때 $f + g$ 도 증가함수임을 보여라.

5. 다음 그래프 가운데 증가함수의 그래프를 찾아라.

(1) (2) (3)

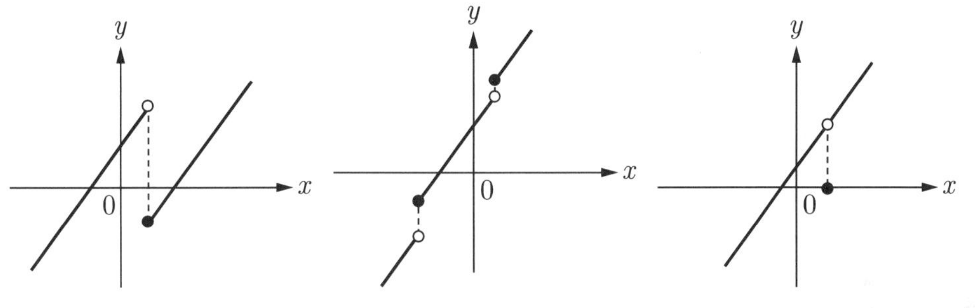

4.5 그래프의 조작

이 절에서는 함수 $y = f(x)$의 그래프를 좌표평면에 그리고 이 그래프에 몇 가지 조작을 하여 나오는 그래프가 어떤 함수인지 알아보자. 그래프의 조작 가운데 가장 간단하게 생각할 수 있는 것이 y축 방향으로의 평행이동이다. 이것은 좌표평면에서 그래프를 그대로 위로 올려그리는 것으로 볼 수 있다.

그림 4.4 (a)는 $y = x$와 $y = x + 1$의 그래프를 같이 그린 것이다. 이 그래프들에서 보듯이 $y = x+1$의 그래프는 $y = x$의 그래프를 y축 양의 방향으로 1만큼 평행이동시킨 그래프이다. 좀 더 일반적으로 $y = f(x)$의 그래프를 y축 방향으로 a 만큼 평행이동시킨 그래프는 $y = f(x)+a$의 그래프이다.

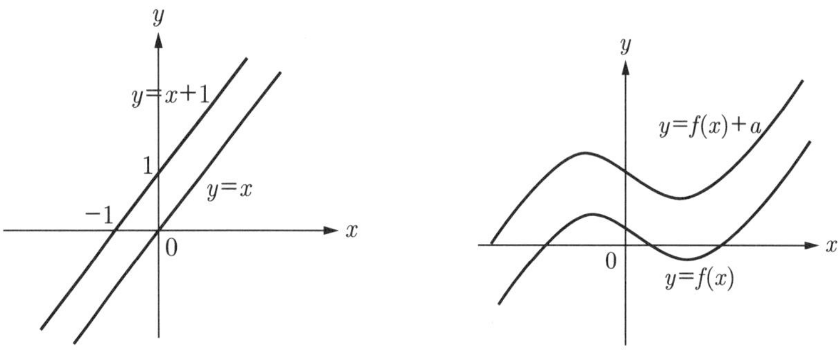

(a) $y = x$와 $y = x + 1$의 그래프　　(b) $y = f(x)$와 $y = f(x) + a$의 그래프

그림 4.4 그래프의 평행이동(y축 방향)

정리 4.7

> 함수 $f(x)$의 그래프를 y축 양의 방향으로 a만큼 평행이동시킨면 함수 $f(x) + a$의 그래프가 된다.

이 정리는 좌표평면 위의 점 $(x,\ y)$? y축 양의 방향으로 a만큼 평행이동시킨 점은 $(x,\ y + a)$라는 사실로부터 얻을 수 있다.

예제 4.15

1. 함수의 그래프 $y = 3x + 2$를 y축 양의 방향으로 5만큼 평행이동시킨 그래프는 어떤 함수의 그래프인가?

2. 함수의 그래프 $y = 3x^2 - x + 1$을 y축 양의 방향으로 -1만큼 평행이동시킨

그래프는 어떤 함수의 그래프인가?

풀이

1. 정리 4.7에 의해 $y = (3x + 2) + 5 = 3x + 7$의 그래프이다.

2. 정리 4.7에 의해 $y = (3x^2 - x + 1) - 1 = 3x^2 - x$의 그래프이다.

문제 4.15

함수의 그래프 $y = x^3 + x$를 y축 양의 방향으로 2만큼 평행이동시킨 그래프는 어떤 함수의 그래프인가?

다음으로 함수의 그래프를 x축 방향으로 평행이동시킨 그래프에 대해 알아보자. 이는 직관적으로 좌표평면에서 그래프를 왼쪽이나 오른쪽으로 움직인 것으로 생각할 수 있다.

그림 4.5 (a)에서 보듯이 $y = x$의 그래프를 오른쪽, 다시 말해 x축 양의 방향으로 1만큼 평행이동시킨 그래프는 $y = x - 1$의 그래프이다. 좀 더 일반적으로 $y = f(x)$의 그래프를 x축 양의 방향으로 a만큼 평행이동시킨 그래프는 $y = f(x - a)$의 그래프이다.

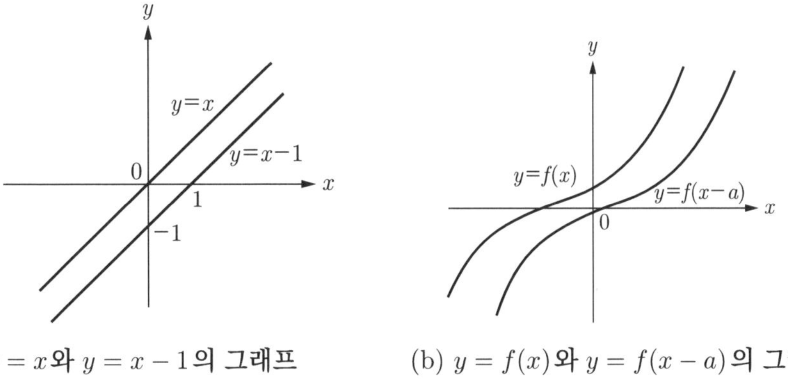

(a) $y = x$와 $y = x - 1$의 그래프 (b) $y = f(x)$와 $y = f(x - a)$의 그래프

그림 4.5 그래프의 평행이동(x축 방향)

정리 4.8

함수 $f(x)$의 그래프를 x축 양의 방향으로 a만큼 평행이동시키면 함수 $f(x - a)$의 그래프가 된다.

이 정리에 대해 다음과 같이 설명할 수 있다. 함수 f가 역함수 f^{-1}를 갖는 경우 $y = f(x)$는 $x = f^{-1}(y)$로 쓸 수 있다. 이 때 이 그래프를 x축 양의 방향으로 a만큼 평행이동시키면 $x = f^{-1}(y) + a$의 그래프가 된다. 이것은 $x - a = f^{-1}(y)$와 같으므로 결국 $f(x-a) = y$의 그래프가 된다. 예를 들어 설명하면 $y = 2x$의 그래프는 $x = \frac{y}{2} + 1$로 쓸 수 있고, 이 그래프를 x축 양의 방향으로 1만큼 평행이동시키면 $x = \frac{y}{2} + 1$의 그래프가 된다. 이 식은 $y = 2x - 2 = 2(x-1)$과 같다.

예제 4.16

함수의 그래프 $y = x^4$을 x축 양의 방향으로 -2만큼 평행이동시킨 그래프는 어떤 함수의 그래프인가?

[풀이] 정리 4.8에 의해 $y = 2(x+2)^4$의 그래프이다.

문제 4.16

함수의 그래프 $y = -x^2 + 2x$를 x축 양의 방향으로 7만큼 평행이동시킨 그래프는 어떤 함수의 그래프인가?

예제 4.17

아래의 그래프들을 x축 양의 방향으로 3만큼 평행이동시킨 그래프를 그려라.

(1) (2)

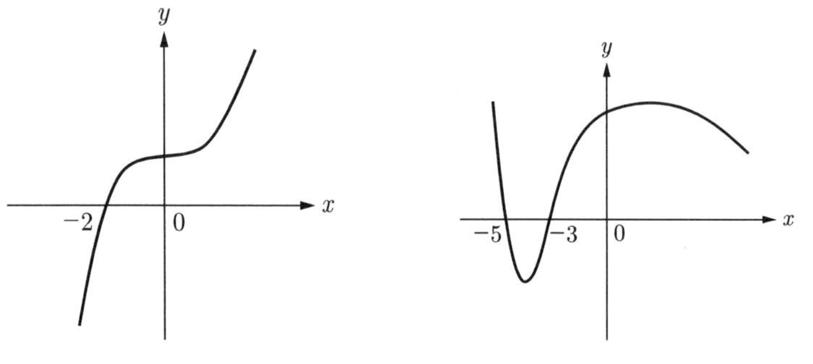

[풀이] (1)

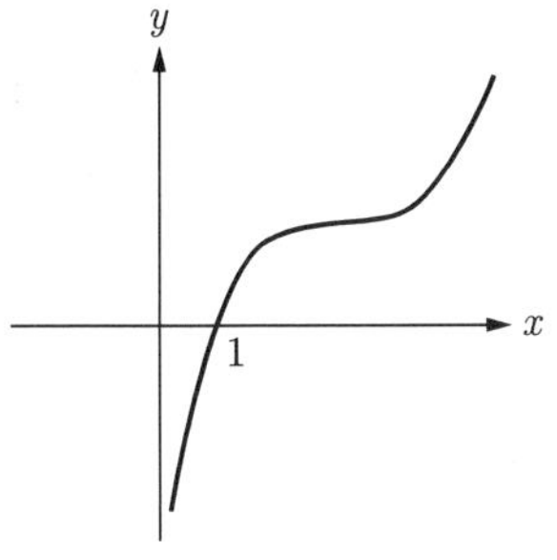

(2)

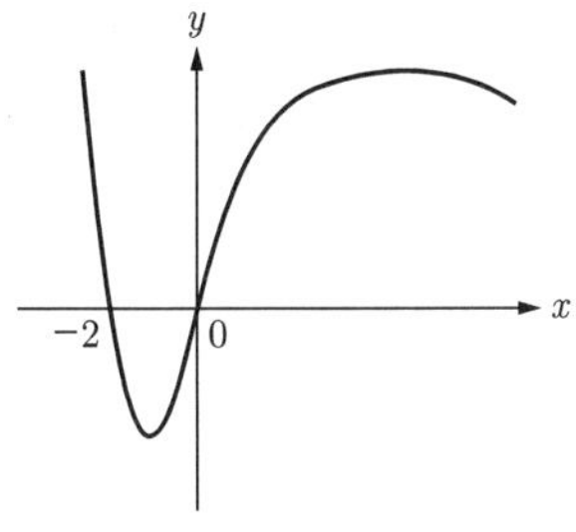

문제 4.17

아래의 그래프들을 y축 양의 방향으로 -2만큼 평행이동시킨 그래프를 그려라.

(1)

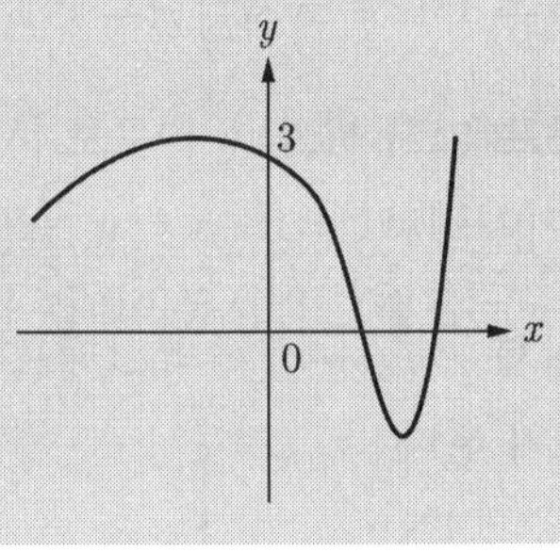

(2)

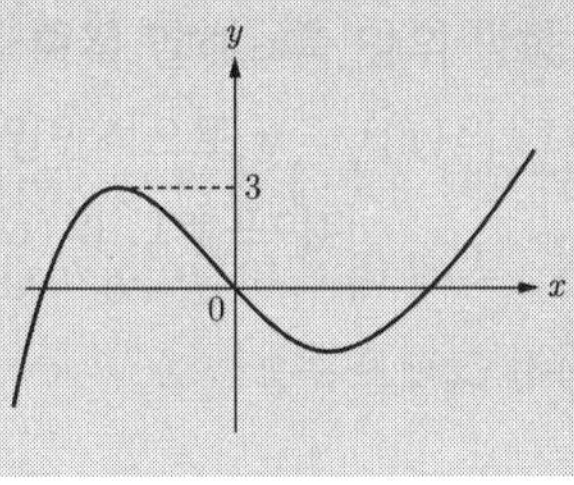

다음으로 함수의 그래프를 y축에 평행한 직선에 대해 대칭이동시킨 그래프에 대해 알아보자. 이는 직관적으로 좌표평면에서 그래프의 위아래를 뒤집은 것으로 생각할 수 있다.

그림 4.6 (a)에서 보듯이 $y = x + 1$의 그래프를 $y = f(x)$의 그래프를 y축에 대해 대칭이동시킨 그래프는 $y = f(-x)$의 그래프이다.

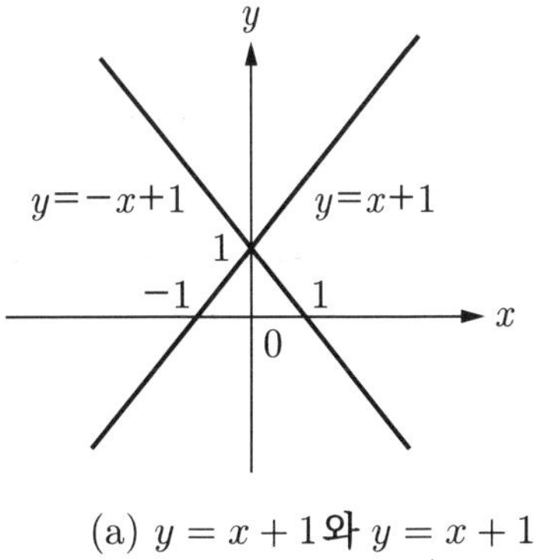

(a) $y = x + 1$와 $y = x + 1$의 그래프

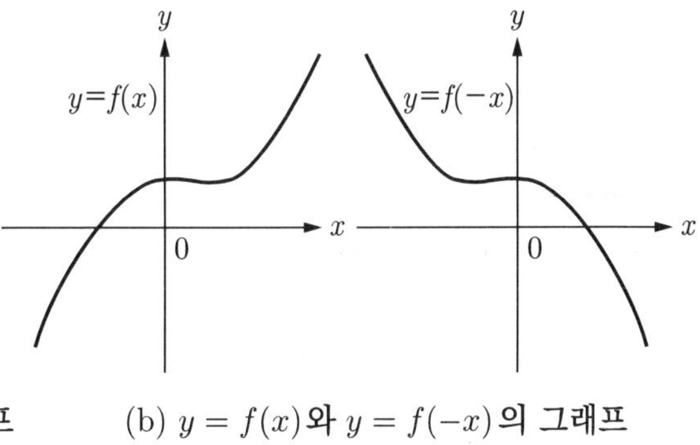

(b) $y = f(x)$와 $y = f(-x)$의 그래프

그림 4.6 그래프의 대칭이동(y축 방향)

다음으로 함수의 그래프를 x축에 평행한 직선에 대해 대칭이동시킨 그래프에 대해 알아보자. 이는 직관적으로 좌표평면에서 그래프의 위아래를 뒤집은 것으로 생각할 수 있다.

그림 4.7 (a)에서 보듯이 $y = x + 1$의 그래프를 x축에 대해 대칭이동시킨 그래프는 $y = -(x+1) = -x-1$의 그래프이다. 일반적으로 $y = f(x)$의 그래프를 y축에 대해 대칭이동시킨 그래프는 $y = -f(x)$의 그래프이다.

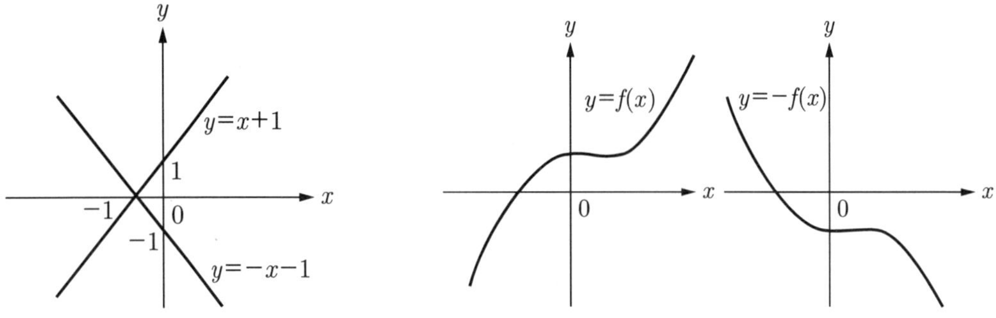

(a) $y = x + 1$와 $y = -x - 1$의 그래프 (b) $y = f(x)$와 $y = -f(x)$의 그래프

그림 4.7 그래프의 대칭이동(x축 방향)

함수 $f(x)$의 그래프를 y축에 대해 대칭이동시킨 그래프는 $y = f(-x)$의 그래프가 되고, 함수 $f(x)$의 그래프를 x축에 대해 대칭이동시킨 그래프는 함수 $y = -f(x)$의 그래프가 되며, 원점에 대해 대칭이동시킨 그래프는 $y = -f(-x)$의 그래프가 된다.

예제 4.18

1. 함수 $f(x) = 7x - 2$의 그래프를 x축에 대해 대칭이동시키면 어떤 함수의 그래프인가?

2. 함수 $f(x) = x^2 - 1$의 그래프를 y축에 대해 대칭이동시키면 어떤 함수의 그래프인가?

3. 함수 $f(x) = x^3 - x + 1$의 그래프를 원점에 대해 대칭이동시키면 어떤 함수의 그래프인가?

풀이

1. 따름정리 4.10에 의해 $y = -f(x) = -(7x-2) = -7x + 2$의 그래프이다.

2. 따름정리 4.10에 의해 $y = f(-x) = (-x)^2 - 1 = x^2 - 1$의 그래프이다.

3. 따름정리 4.10에 의해 $y = -f(-x) = -((-x)^3 - (-x) + 1) = x^3 - x - 1$의 그래프이다.

다음으로 절댓값이 들어간 함수의 그래프를 그려보자. 먼저 함수 $f(x) = |x|$의 그래프를 그리면

$$f(x) = \begin{cases} x, & x \geq 0 \\ x, & x < 0 \end{cases}$$

이므로 $x \geq 0$인 구간과 $x < 0$인 구간으로 나누어 그래프를 그리면 그림 4.8 (a)와 같다. 마찬가지로 $y = |x-1|$의 그래프를 그리면 그림 4.8 (b)와 같다.

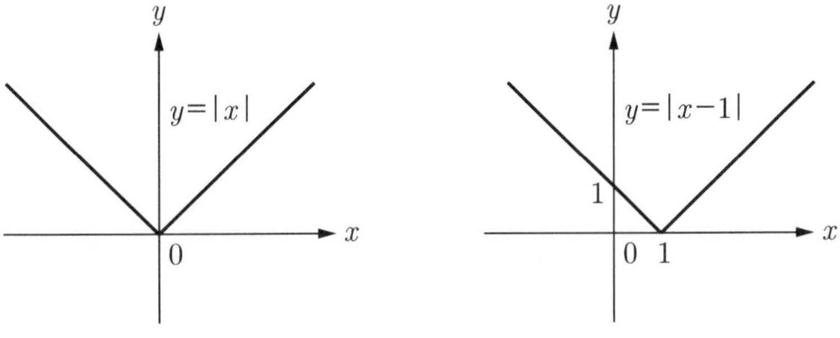

(a) $y = |x|$ (b) $y = |x-1|$

그림 4.8 절댓값이 들어간 함수의 그래프

일반적으로 $y = |f(x)|$의 그래프를 그리는 방법은 다음과 같다.

$y = f(x)$의 그래프를 그린 후 x축의 아랫부분을 x축에 대해 대칭이동시킨다. 예를 들어 그림 4.9 (a)와 같이 $y = 2x - 2$의 그래프를 그리고 점선으로 표시된 x축 아랫부분을 x축에 대해 대칭이동시키면 $y = |2x - 2|$의 그래프를 얻을 수 있다. $y = |f(x)|$의 그래프를 얻는 일반적인 방법에 대해서는 그림 4.9 (b)를 참조하여라.

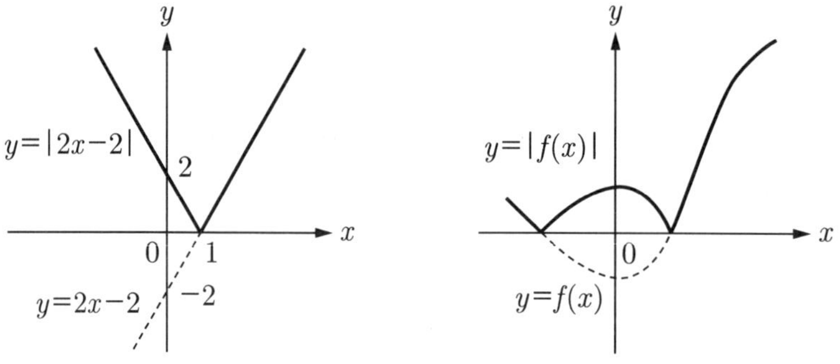

(a) $y = |2x - 2|$ (b) $y = |f(x)|$

그림 4.9 절댓값이 들어간 함수의 그래프를 그리는 법

예제 4.19

$y = |-2x + 1|$의 그래프를 그려라.

[풀이] $y = -2x + 1$의 그래프를 아래 왼쪽 그림과 같이 그리고, 이 그래프의 x축 아랫부분을 x축에 대해 대칭이동시키면 아래 오른쪽 그림과 같은 그래프를 그릴 수 있다.

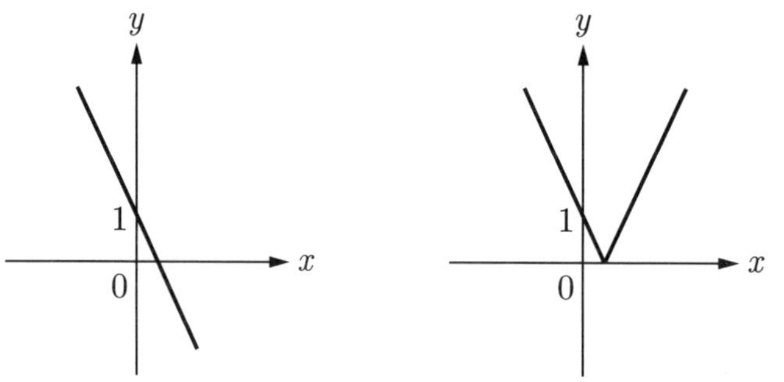

(a) $y = |-2x + 1|$ (b) $y = |-2x + 1|$

문제 4.18

1. $y = |2x + 3|$의 그래프를 그려라.

예제 4.20

$y = f(x)$의 그래프가 아래 그림과 같을 때 $y = |f(x)|$의 그래프를 그려라.

(1) (2)

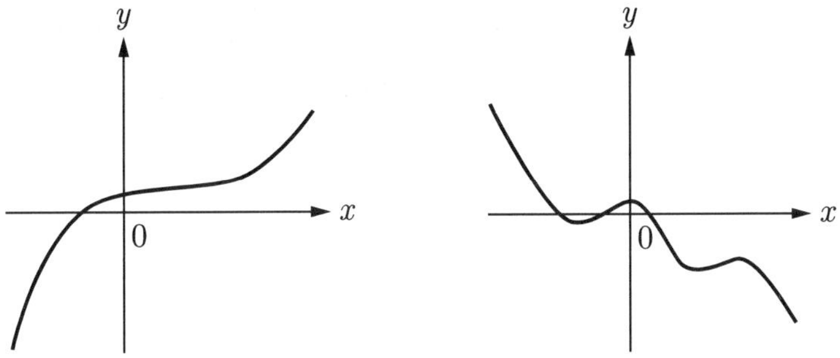

[풀이] (1) (2)

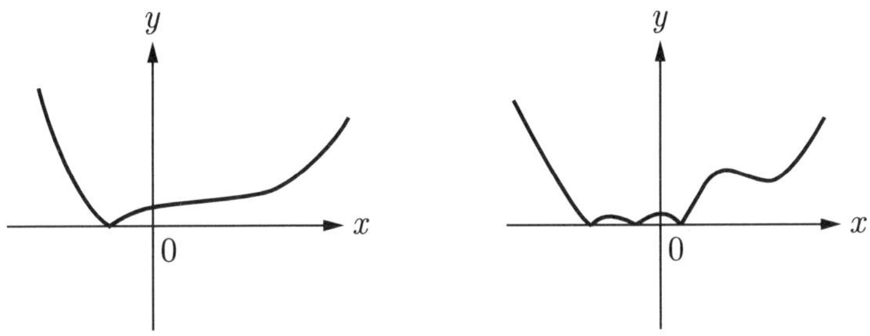

문제 4.19

$y = f(x)$의 그래프가 다음 그림과 같을 때 $y = |f(x)|$의 그래프를 그려라.

(1) (2)

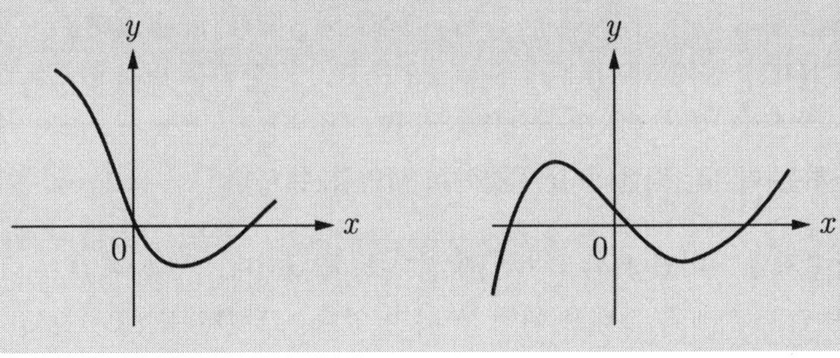

예제 4.21

함수 l 그래프 $y = |x|$는 y축에 대해 대칭임을 보여라.

[풀이] $f(x) = |x|$일 때 $f(-x) = |-x| = |x| = f(x)$이므로 함수의 그래프 $y = |x|$는 y축에 대해 대칭이다.

문제 4.20

함수의 그래프 $y = |2x - 1|$은 직선 $x = \frac{1}{2}$에 대해 대칭임을 보여라.

다음으로 함수 f가 역함수 f^{-1}를 가질 때 $y = f(x)$ 그래프와 $y = f^{-1}(x)$ 그래프의 관계에 대해 알아보자. 함수 $f(x) = 2x + 3$의 역함수는 $f^{-1}(x) = \dfrac{x-3}{2}$이고 그림 4.10는 이들의 그래프이다.

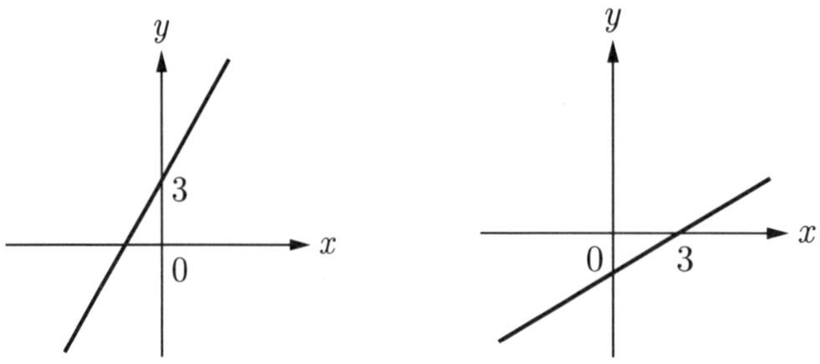

(a) $y = 2x + 3$ (b) $y = \dfrac{x-3}{2}$

그림 4.10 일차함수와 그 역함수의 그래프

이 그래프들을 관찰해볼 때 두 그래프는 직선 $y = x$에 대해 대칭임을 알 수 있다. 따라서 우리는 다음 정리가 성립함을 짐작할 수 있다.

정리 4.9 역함수의 그래프

함수 f가 역합수 f^{-1}를 가질 때 $y = f(x)$ 그래프와 $y = f^{-1}(x)$ 그래프는 직선 $y = x$에 대해 대칭이다.

이 정리가 성립하는 이유는 다음과 같이 간략히 설명할 수 있다.

함수 f의 역함수가 f^{-1}이면 $f(a) = b$일 때 $f^{-1}(b) = a$이다. 즉 $y = f(x)$ 그래프 위에 점 (a, b)가 있으면 $y = f^{-1}(x)$ 그래프 위에 (b, a)가 있다. 그런데 점 (b, a)는 점 (a, b)의 직선 $y = x$에 대한 대칭점이다.

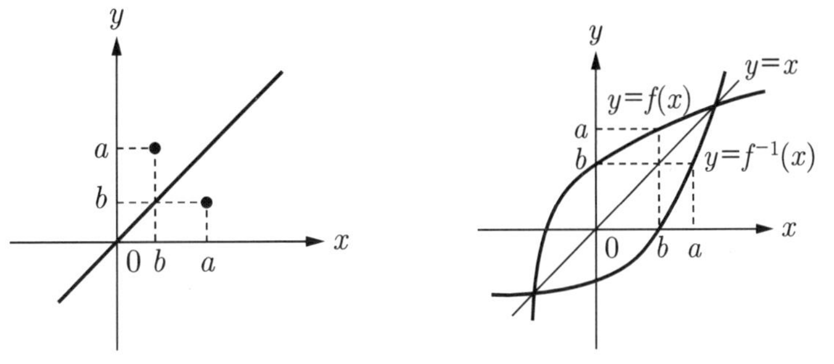

그림 4.11 함수의 그래프와 그 역함수의 그래프

예제 4.22

$y = f(x)$의 그래프가 아래 그림과 같을 때 $y = f^{-1}(x)$의 그래프를 그려라.

(1) (2)

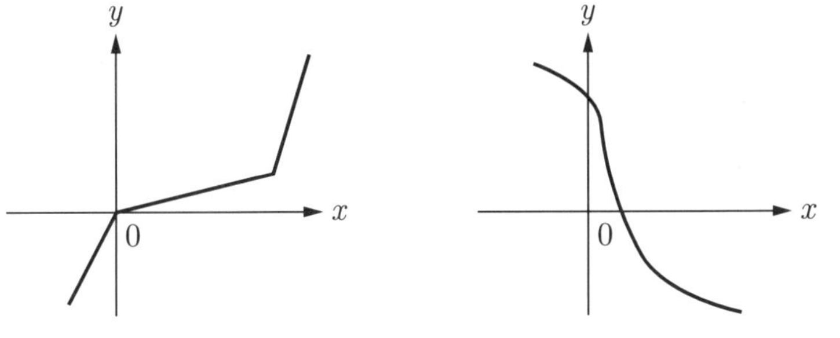

[풀이] (1) (2)

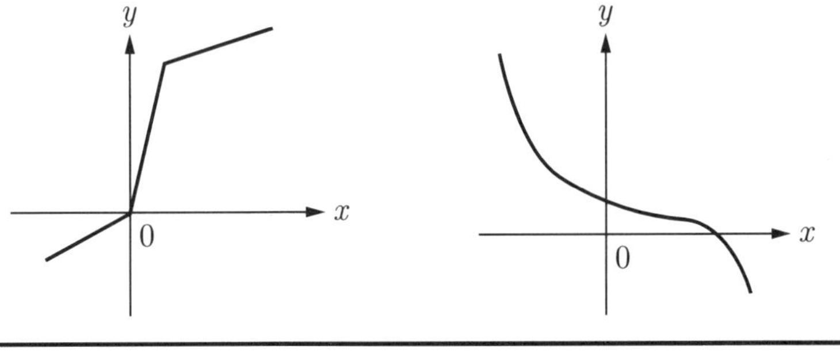

문제 4.21

$y = f(x)$의 그래프가 아래 그림과 같을 때 $y = f^{-1}(x)$의 그래프를 그려라.

(1) (2)

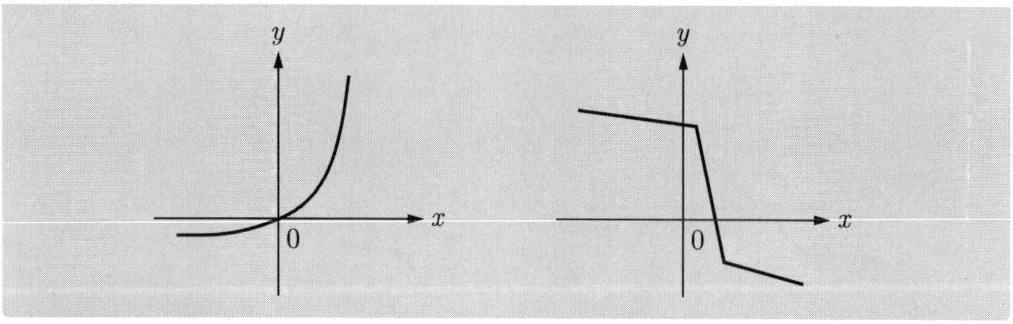

정리 4.10

함수 $f : X \to \mathbb{R}$가 역함수 f^{-1}를 가질 때 $f(x)$가 증가함수이면 $f^{-1}(x)$도 증가함수이다.

증명 4.2

$z, w \in Im(f)$이고 $z < w$일 때 $x = f^{-1}(z)$이고 $y = f^{-1}(w)$라 하자. 이 때 $f(x) = z$이고, $f(y) = w$이다. 여기서 $x > y$이면 f가 증가함수이므로 $z = f(x) > f(y) = w$가 되어 모순이다. 따라서

$$f^{-1}(z) = x < y = f^{-1}(w)$$

이므로 f^{-1}은 증가함수이다.

연습문제

1. 어떤 함수의 그래프를 x축 양의 방향으로 3만큼, y축 양의 방향으로 -1만큼 평행이동시킨 그래프가 $y = x^2 + 3$의 그래프일 때, 원래 그래프의 방정식을 구하여라.

2. $y = x^3 + x$의 그래프는 원점에 대해 대칭임을 보여라.

3. $y = |3x - 1| + 2$의 그래프를 그려라.

4. $y = f(x)$의 그래프를 직선 $y = x$에 대해 대칭이동시킨 뒤 x축 양의 방향으로 2만큼 평행이동시킨 그래프가 $y = 5x - 2$의 그래프일 때 $f(x)$를 구하여라.

5. 아래의 그래프들을 x축 양의 방향으로 2만큼 평행이동시킨 뒤 x축에 대해 대칭이동시킨 그래프를 그려라.

(1)

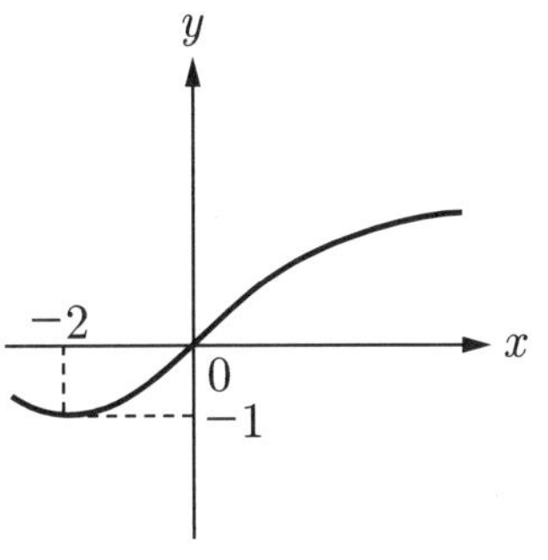

(2)

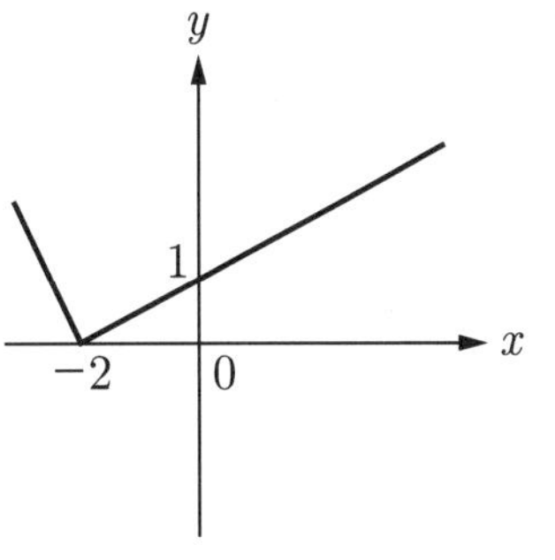

6. $y = f(x)$의 그래프가 아래와 같을 때 $y = -|f(x)| + 1$의 그래프를 그려라.

(1)

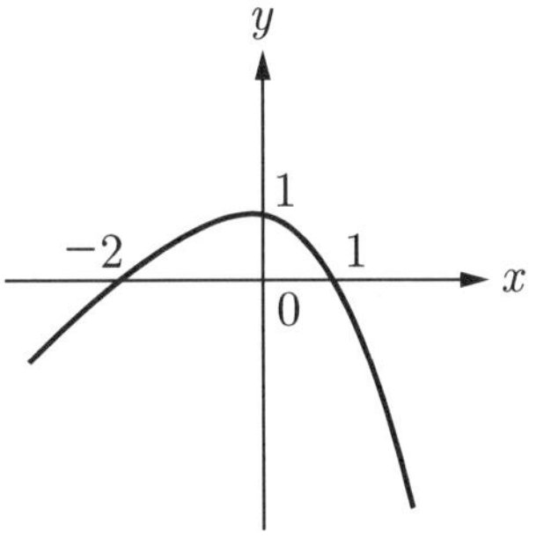

(2)

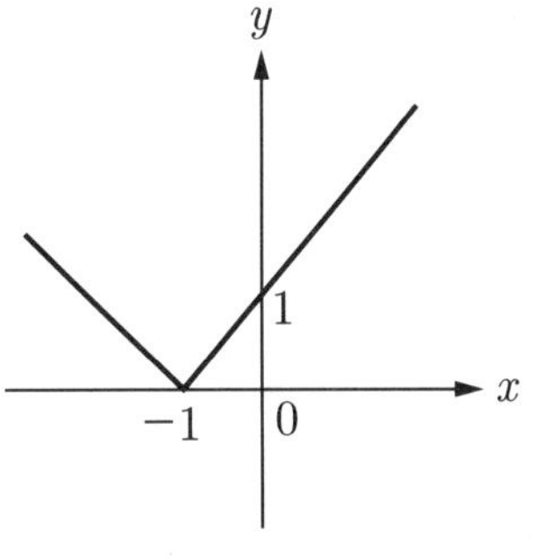

4.6 이차함수, 유리함수, 무리함수의 그래프

이 절에서는 식으로 나타난 여러 가지 함수의 그래프에 대해 알아보자. 일차함수의 그래프에 대해서는 앞 절에서 공부하였다. 따라서 이 절에서는 먼저 이차함수의 그래프에 대해 알아보자.

이차함수 가운데 먼저 $y = ax^2$ 의 그래프에 대해 알아보자. 그림 4.12 (a)는 $y = x^2$ 의 그래프를 그린 것이고 그림 4.12 (b)는 여러 가지 a 값에 대한 $y = ax^2$ 의 그래프들을 비교한 것이다. $y = ax^2$ 의 그래프는 모두 원점을 지나는 포물선이고, $a > 0$ 이면 아래로 볼록하고 $a < 0$ 이면 위로 볼록하다.

그리고 a 의 절댓값이 클수록 $y = ax^2$ 의 그래프는 y 축에 가까워지고 포물선의 꼭짓점은 원점이다. 또 $a > 0$ 일 때, $f(x) = ax^2$ 은 $[0, \infty) = \{x \in \mathbb{R} \mid x \geq 0]$ 에서 증가함수이고 $(-\infty, 0) = \{x \in \mathbb{R} \mid x \geq 0\}$ 에서 감소함수이며, $a < 0$ 인 경우는 이 반대다. 따라서 $a > 0$ 일 때, $f(x) = ax^2$ 은 $x = 0$ 일 때, 최솟값 0 을 갖고 $a < 0$ 일 때, $f(x) = ax^2$ 은 $x = 0$ 일 때, 최댓값 0 을 갖는다.

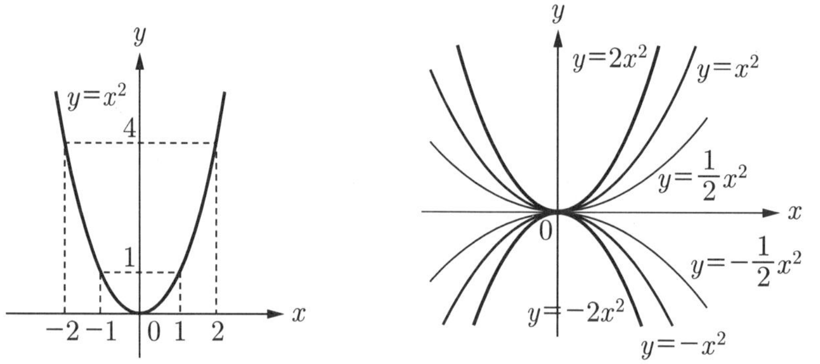

(a) $y = x^2$ (b) $y = ax^2$ $(a = \frac{1}{2},\ 1,\ 2,\ -\frac{1}{2},\ -1,\ -2)$

그림 4.12 $y = ax^2$ 의 그래프

$f(x) = ax^2$ 일 때, $f(-x) = a(-x)^2 = ax^2$ 이므로 이차함수의 그래프 $y = ax^2$ 은 y 축에 대해 대칭이다. 따라서 y 축을 그래프 $y = ax^2$ 의 **대칭축**이라 한다.

예제 4.23

이차함수의 그래프 $y = ax^2$ 을 x 축에 대해 대칭이동시킨 그래프는 어떤 함수의 그래프인가?

[**풀이**] 구하는 그래프는 따름정리 4.10 에 의해 $y = -f(x) = -\left(ax^2\right) = -ax^2$ 의 그래프이다.

문제 4.22

이차함수의 그래프 $y = ax^2$ 을 원점에 대해 대칭이동시킨 그래프는 어떤 함수의 그래프인가?

다음으로 이차함수의 그래프 $y = ax^2$ 을 x 축이나 y 축의 방향으로 평행이동시킨 그래프를 구해보자. 그래프 $y = ax^2$ 을 x 축 양의 방향으로 p 만큼 평행이동시키면 $y = a(x-p)^2$ 의 그 래프가 나오고 이 그래프를 다시 y 축 양의 방향으로 q 만큼 평행이동시키면 그림 4.15에서 보듯이 $y = a(x-p)^2 + q$ 의 그래프가 나온다. 이 때 그래프의 대칭축은 y 축에서 직선 $x = p$ 로 이동하고 꼭짓점은 원점에서 점 $(p,\ q)$ 로 이동한다.

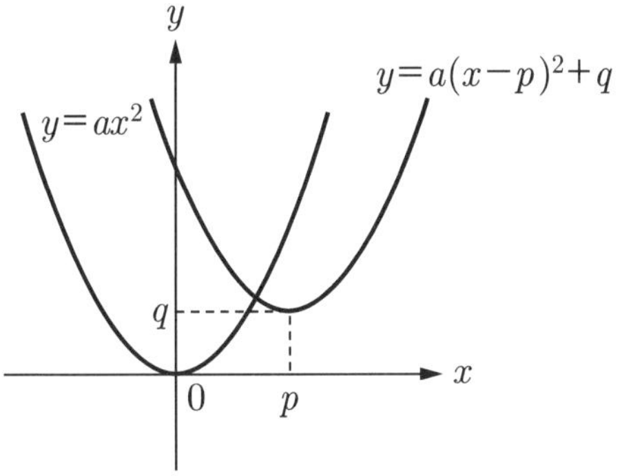

그림 4.13 $y = ax^2$ 의 그래프의 평행이동

정리 4.11

이차함수 $f(x) = ax^2 + bx + c\ (a \neq 0)$ 의 그래프는 $y = ax^2$ 의 그래프를 x 축 양의 방향으로 $-\dfrac{b}{2a}$ 만큼, 그리고 y 축 양의 방향으로 $\dfrac{4ac-b^2}{4a}$ 만큼 평행이동시킨 그래프이다.

증명 4.3

$$\begin{aligned} f(x) &= ax^2 + bx + c = a\left(x^2 + 2\frac{b}{2a}x + \left(\frac{b}{2a}\right)^2 - \left(\frac{b}{2a}\right)^2\right) + c \\ &= a\left(x + \frac{b}{2a}\right)^2 - a\frac{b^2}{4a^2} + c = a\left(x - \left(-\frac{b}{2a}\right)\right)^2 + \frac{4ac-b^2}{4a} \end{aligned}$$

이므로 $p = -\frac{b}{2a}$ 이고, $q = \frac{4ac-b^2}{4a}$ 일 때, $f(x) = a(x-p)^2 + q$ 이다.

예제 4.24

이차함수 $y = 2x^2$ 을 x 축 양의 방향으로 3 만큼, 그리고 y 축 양의 방향으로 -2만큼 평행이동시킨 그래프는 어떤 함수의 그래프인가?

[**풀이**] 정리 4.14 에 의해 $f(x) = 2(x-3)^2 - 2 = x^2 - 12x + 14$ 의 그래프이다.

문제 4.23

이차함수 $y = -3x^2$ 의 그래프를 x 축 양의 방향으로 -3 만큼, 그리고 y 축 양의 방향으로 1 만큼 평행이동시킨 그래프는 어떤 함수의 그래프인가?

따름정리 4.11

이차함수 $f(x) = ax^2 + bx + c$ $(a \neq 0)$ 의 그래프의 대칭축은

$$x = -\frac{b}{2a}$$

이고 꼭짓점은

$$\left(-\frac{b}{2a}, \frac{4ac-b^2}{4a}\right)$$

이다. 또 $a > 0$ 이면 $f(x)$ 는

$$\left[-\frac{b}{2a}, \infty\right)$$

에서 증가함수이고

$$\left(-\infty, -\frac{b}{2a}\right]$$

에서 감소함수이다. $a < 0$ 이면 $f(x)$ 는

$$\left[-\frac{b}{2a}, \infty\right)$$

에서 감소함수이고

$$\left(-\infty, -\frac{b}{2a}\right)$$

에서 증가함수이다. 따라서 $a>0$ 이면 $f(x)$ 는

$$x=-\frac{b}{2a}$$

일 때 최솟값

$$\frac{4ac-b^2}{4a}$$

을 갖고 $a<0$ 이면 $f(x)$ 는

$$x=-\frac{b}{2a}$$

일 때 최댓값

$$\frac{4ac-b^2}{4a}$$

을 갖는다.

예제 4.25

이차함수 $y=x^2+2x-1$ 과 $y=-2x^2+x+3$ 의 그래프를 그리고 이들의 대칭축과 꼭짓점을 구하여라.

[풀이] 정리 4.14에 의해 이들 함수는 각각 $y=x^2$ 과 $y=-2x^2$ 의 그래프를 x 축 양의 방 향으로 -1 과 $\frac{1}{4}$ 만큼, 그리고 y 축 양의 방향으로 -2 와 $\frac{25}{8}$ 만큼 평행이동시킨 그래프이다. 따라서 이들의 그래프는 그림 4.16과 같고 대칭축은 각각 $x=-1$ 과 $x=\frac{1}{4}$ 이고, 꼭짓점은 각각 $(-1,\ -2)$ 와 $\left(\frac{1}{4},\ \frac{25}{8}\right)$ 이다.

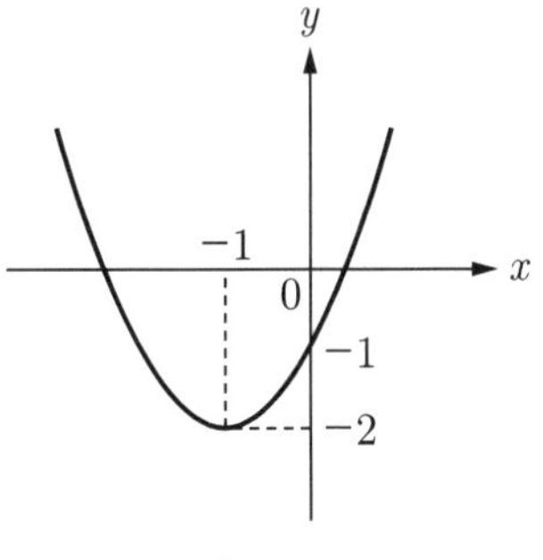

(a) $y=x^2+2x-1$

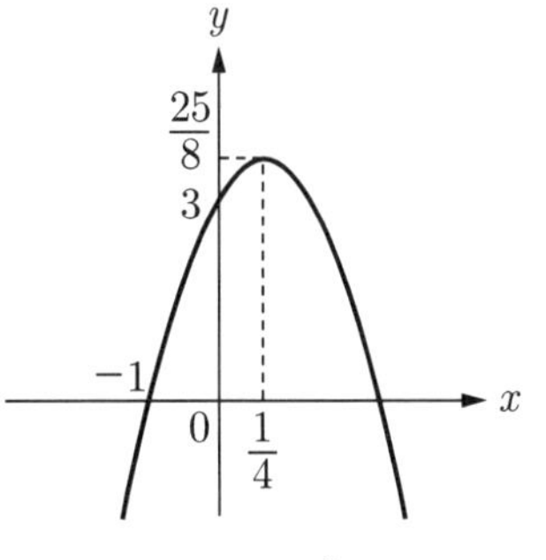

(b) $y=-2x^2+x+3$

그림 4.14 이차함수의 그래프

문제 4.24

이차함수 $y = 3x^2 - 4x + 1$ 의 그래프를 그리고 이들의 대칭축과 꼭짓점을 구하여라.

예제 4.26

이차함수 $f(x)$ 의 그래프는 $y = 3x^2$ 의 그래프를 평행이동시킨 그래프이고 $x = 1$ 에서 최솟값 -2 를 가진다. 이 때 $f(x)$ 를 구하여라.

[풀이] 따름정리 4.15에 의해 $f(x)$ 의 그래프는 $y = 3x^2$ 의 그래프를 x 축 양의 방향으로 1 만큼, 그리고 y 축 양의 방향으로 -2 만큼 평행이동시킨 그래프이다. 따라서

$$f(x) = 3(x-1)^2 - 2 = 3x^2 - 6x + 1$$

이다.

문제 4.25

이차함수 $f(x)$ 의 그래프는 $y = -5x^2$ 의 그래프를 평행이동시킨 그래프이고, $x = 1$ 이 대칭축이고 최댓값은 3 이다. 이 때 $f(x)$ 를 구하여라.

다음으로 **유리함수**에 대해 알아보자. 유리함수는 원래 $\dfrac{2x^2+x-1}{3x^3-x+5}$ 같이 분자와 분모가 모두 다항식인 분수 꼴의 함수를 말하지만, 이 절에서 살펴볼 유리함수는 분자와 분모 가 모두 0 이 아닌 상수 또는 1 차식인 분수함수 $f(x) = \dfrac{cx+d}{ax+b}$ $(a \neq 0)$ 이다. 먼저 함수 $f(x) = \dfrac{a}{x}$ $(a \neq 0)$ 에 대해 알아보자. 이 함수는 $x = 0$ 에서는 분모가 0 이므로 함숫값이 정의 되지 않는다. 따라서 이 함수의 정의역은 $\{x \in \mathbb{R} \mid x \neq 0\}$ 이다.

그림 4.15에서 $y = \dfrac{1}{x}$ 의 그 래프와 $y = -\dfrac{1}{x}$ 의 그래프를 살펴보았다. 이 두 함수의 그래프는 모두 원점에 대해서 대칭이고, $f(x) = \dfrac{1}{x}$ 의 그래프는 1 사분면과 3 사분면에 생기고 $f(x) = -\dfrac{1}{x}$ 의 그래프는 2 사분면과 4 사분면에 생긴다. 또 x 가 0 에 가까이 가는 경우 이 두 그래프는 y 축과 매우 가까워지고 x 가 무한히 커지면 x 축과 점점 가까워진다. 따라서 x 축과 y 축을 이 두 곡선의 **점근선** 이라 한다. 그리고 $f(x) = \dfrac{1}{x}$ 은 구간 $(0,\ \infty)$ 와 $(-\infty,\ 0)$ 에서는 각각 감소함수이지만 전체적으로 는 감소함수가 아니다. 반면에 $f(x) = -\dfrac{1}{x}$ 은 구간 $(0,\ \infty)$ 와 $(-\infty,\ 0)$ 에서는 각각 증가 함수이지만 전체적으로는 증가함수가 아니다. 이들은 모두 일대일 함수이므로 역함수를 갖는 데 이 두 함수는 모두 자기 자신이 역함수이다.

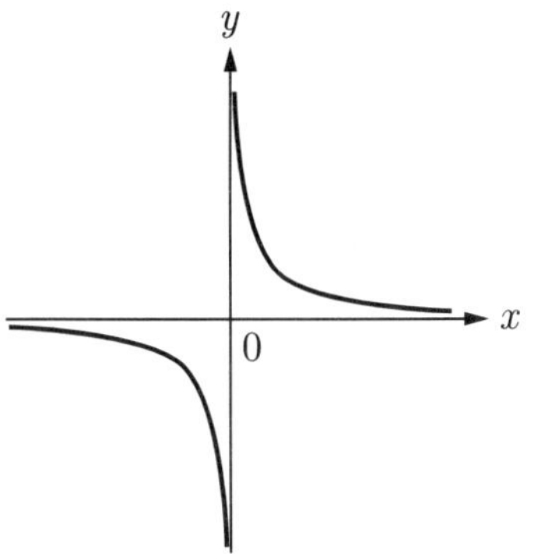

(a) $y = \dfrac{1}{x}$

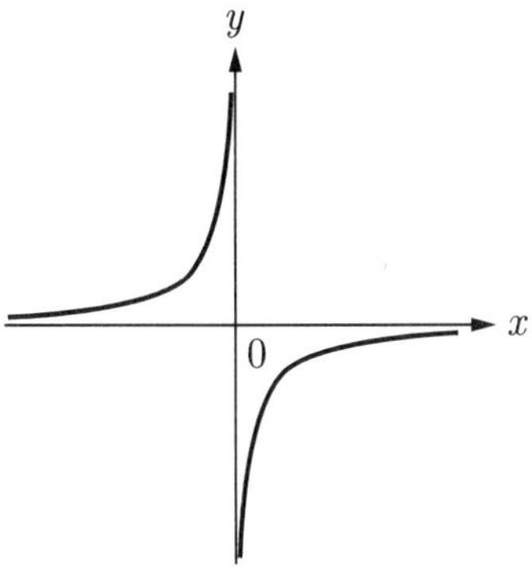

(b) $y = -\dfrac{1}{x}$

그림 4.15 $y = \dfrac{a}{x}$ $(a = \pm 1)$의 그래프

일반적으로 $f(x) = \dfrac{a}{x}$ 의 그래프들은 이들과 매우 비슷한 성질을 가지고 있다. 다음 정리 에서 이 가운데 몇 가지를 살펴보기로 하자.

정리 4.12

1. $a \neq 0$ 일 때 유리함수 $f(x) = \dfrac{a}{x}$ 의 그래프는 원점에 대해 대칭이다.
2. $a > 0$ 이면 유리함수 $f(x) = \dfrac{a}{x}$ 는 구간 $(0,\ \infty)$ 와 $(-\infty,\ 0)$ 에서는 각각 감소함수 이지만 전체적으로는 감소함수가 아니다. $a < 0$ 이면 유리함수 $f(x) = \dfrac{a}{x}$ 는 구간 $(0,\ \infty)$ 와 $(-\infty,\ 0)$ 에서는 각각 증가함수이지만 전체적으로는 증가함수가 아니다.
3. 유리함수 $f(x) = \dfrac{a}{x}$ 는 자기 자신을 역함수로 가진다.

증명 4.4

1. $-f(-x) = -\dfrac{a}{(-x)} = \dfrac{a}{x} = f(x)$ 이므로 따름정리 4.10에 의해 $f(x) = \dfrac{a}{x}$ 의 그래프는 원점에 대해 대칭이다.
2. $a > 0$ 이고 $y > x > 0$ 일 때,

$$f(y) - f(x) = \frac{a}{y} - \frac{a}{x} = a\frac{x-y}{xy} < 0$$

이므로 $f(x)$ 는 $(0,\ \infty)$ 에서 감소함수이다. $x < y < 0$ 일 때,

$$f(y) - f(x) = \frac{a}{y} - \frac{a}{x} = a\frac{x-y}{xy} < 0$$

이므로 $f(x)$ 는 $(-\infty,\ 0)$ 에서 $f(x)$ 는 감소함수이다. 그러나

$$f(-1) = -\frac{1}{a} < 0 < \frac{1}{a} = f(1)$$

이므로 $f(x)$ 는 감소함수가 아니다. $a < 0$ 인 경우의 증명도 마찬가지다.

3. $f(x) = \dfrac{a}{x} = y$ 일 때,

$$x = \frac{a}{y}$$

이므로 $f(x)$ 의 역함수는

$$f^{-1}(x) = \frac{a}{x} = f(x)$$

이다.

아래 그림은 몇 가지 a 에 대해 $f(x) = \dfrac{a}{x}$ 의 그래프를 살펴본 것이다.

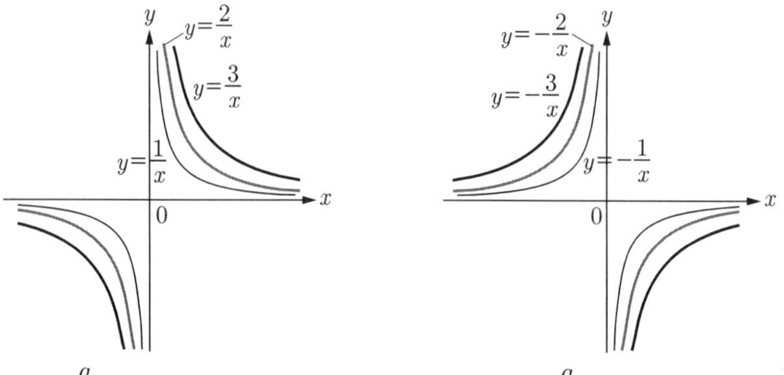

(a) $y = \dfrac{a}{x}$ $(a = 1,\ 2,\ 3)$　　(b) $y = \dfrac{a}{x}$ $(a = -1,\ -2,\ -3)$

그림 4.16 $y = \dfrac{a}{x}$ 의 그래프

$a > 0$ 이면 $f(x) = \dfrac{a}{x}$ 의 그래프는 1 사분면과 3 사분면에 생기고 $a < 0$ 이면 $f(x) = \dfrac{a}{x}$ 의 그래프는 2 사분면과 4 사분면에 생긴다. 또 $f(x) = \dfrac{a}{x}$ 의 그래프는 모두 x 축과 y 축을 점근선으로 가진다.

이제 $f(x) = \dfrac{a}{x}$ 의 그래프를 x 축이나 y 축의 방향으로 평행이동시킨 그래프를 구해보자. 그래프 $y = \dfrac{a}{x}$ 를 x 축 양의 방향으로 p 만큼 평행이동시키면 $y = \dfrac{a}{x-p}$ 의 그래프가 나오고 이 그래프를 다시 y 축 양의 방향으로 q 만큼 평행이동시키면 그림 4.17에서 보듯이 $y = \dfrac{a}{x-p} + q$ 의 그래프가 나온다. 이 때 이 함수는 $x = p$ 에서 함숫값이 정의되지 않고 $(p,\ q)$ 에 대해 대칭이고 점근선은 x 축과 y 축에서 직선 $y = q$ 와 $x = p$ 로 각각 바뀐다. 또 $a > 0$ 이면 구간 $(p,\ \infty)$ 와 $(-\infty,\ p)$ 에서 각각 감소함수이고 $a < 0$ 이면 구간 $(p,\ \infty)$ 와 $(-\infty,\ p)$ 에 서 각각 증가함수이다.

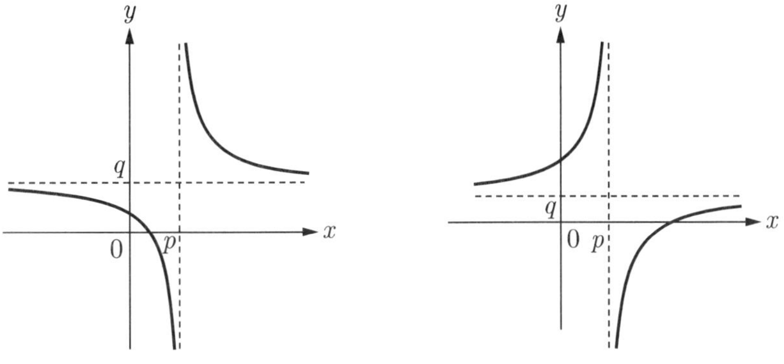

(a) $a > 0$ 일 때　　(b) $a < 0$ 일 때

그림 4.17 $y = \dfrac{a}{x}$ 의 그래프의 평행이동

정리 4.13

유리함수 $f(x) = \dfrac{cx+d}{ax+b}(a \neq 0,\ ad-bc \neq 0)$ 의 그래프는

$$k = \frac{ad-bc}{a^2}$$

일 때, $y = \dfrac{k}{x}$ 의 그래프를 x 축 양의 방향으로 $-\dfrac{b}{a}$ 만큼, 그리고 y 축 양의 방향으로 $\dfrac{c}{a}$ 만큼 평행이 동시킨 그래프이다.

증명 4.5

$$f(x) = \frac{cx+d}{ax+b} = \frac{\frac{c}{a}(ax+b) - \frac{bc}{a} + d}{ax+b} = \frac{c}{a} + \frac{\frac{-bc+ad}{a}}{a\left(x + \frac{b}{a}\right)}$$
$$= \frac{\frac{ad-bc}{a^2}}{x + \frac{b}{a}} + \frac{c}{a} = \frac{k}{x + \frac{b}{a}} + \frac{c}{a}$$

(단, $k = \frac{ad-bc}{a^2}$)

이므로 $p = -\frac{b}{a}$ 이고 $q = \frac{c}{a}$ 일 때, $f(x) = \frac{k}{x-p} + q$ 이다.

예제 4.27

1. 유리함수 $y = \frac{4}{x}$ 를 x 축 양의 방향으로 -2 만큼, 그리고 y 축 양의 방향으로 5 만큼 평행이동시킨 그래프는 어떤 함수의 그래프인가?
2. 유리함수의 그래프 $y = \frac{x+1}{x-1}$ 은 그래프 $y = \frac{a}{x}$ 을 x 축 양의 방향으로 p 만큼, y 축 양의 방향으로 q 만큼 평행이동시킨 그래프일 때 $a,\ p,\ q$ 를 구하여라.

풀이

1. $f(x) = \frac{4}{x+2} + 5 = \frac{5x+14}{x+2}$ 의 그래프이다.
2. 정리 4.17에 의해

$$p = -\frac{-1}{1} = 1,\ q = \frac{1}{1} = 1,\ a = \frac{1 \cdot 1 - (-1)1}{1^2} = 2$$

이다.

문제 4.26

1. 유리함수 $y = \frac{-1}{2x}$ 을 x 축 양의 방향으로 -1 만큼, 그리고 y 축 양의 방향으로 3 만큼 평행이동시킨 그래프는 어떤 함수의 그래프인가?
2. 유리함수의 그래프 $y = \frac{x-2}{2x-3}$ 은 그래프 $y = \frac{a}{x}$ 을 x 축 양의 방향으로 p 만큼, y 축 양의 방향으로 q 만큼 평행이동시킨 그래프일 때 $a,\ p,\ q$ 를 구하여라.

따름정리 4.13

1. $a \neq 0$ 이고 $ad - bc \neq 0$ 일 때 유리함수
$$f(x) = \frac{cx+d}{ax+b}$$
의 그래프는 점
$$\left(-\frac{b}{a},\ \frac{c}{a}\right)$$
에 대해 대칭이다.

2. $ad - bc > 0$ 이면 유리함수
$$f(x) = \frac{cx+d}{ax+b}$$
는 구간
$$\left(-\frac{b}{a},\ \infty\right) \text{ 와 } \left(-\infty,\ -\frac{b}{a}\right)$$
에서는 각각 감소함수이지만 전체적으로는 감소함수가 아니다.

3. $ad - bc < 0$ 이면 유리함수
$$f(x) = \frac{cx+d}{ax+b}$$
는 구간
$$\left(-\frac{b}{a},\ \infty\right) \text{ 와 } \left(-\infty,\ -\frac{b}{a}\right)$$
에서는 각각 증가함수이 지만 전체적으로는 증가함수가 아니다.

유리함수
$$f(x) = \frac{cx+d}{ax+b}$$
는 역함수 $f^{-1}(x) = \dfrac{-bx+d}{ax-c}$ 를 가진다.

증명 4.6

(1), (2)는 정리 4.16과 정리 4.17로부터 자명하게 얻을 수 있다. (3) $y = \dfrac{cx+d}{ax+b}$ 일 때, $(ax+b)y = cx+d$ 에서 $x = \dfrac{d-by}{ay-c}$ 이므로 $f^{-1}(x) = \dfrac{-bx+d}{ax-c}$ 이다.

예제 4.28

1. 유리함수의 그래프 $y = \dfrac{2x}{x-3}$ 와 $y = \dfrac{2x+1}{-3x+2}$ 을 그리고 이들의 점근선을 구하여라.
2. 유리함수 $y = \dfrac{2x-5}{x+3}$ 의 역함수를 구하여라.

풀이

1. 따름정리 4.18에 의해 이들 함수는 각각 $y = \dfrac{6}{x}$ 과 $y = \dfrac{-7}{x}$ 의 그래프를 x 축 양의 방향으로 3 과 $\dfrac{2}{3}$ 만큼, 그리고 y 축 양의 방향으로 2 와 $-\dfrac{2}{3}$ 만큼 평행이 동시킨 그래프이다. 따라서 이들의 그래프는 다음 그림과 같고 $y = \dfrac{2x}{x-3}$ 의 점근선은 $x = 3$ 과 $y = 2$, $y = \dfrac{2x+1}{-3x+2}$ 의 점근선은 $x = \dfrac{2}{3}$ 와 $y = -\dfrac{2}{3}$ 이다.

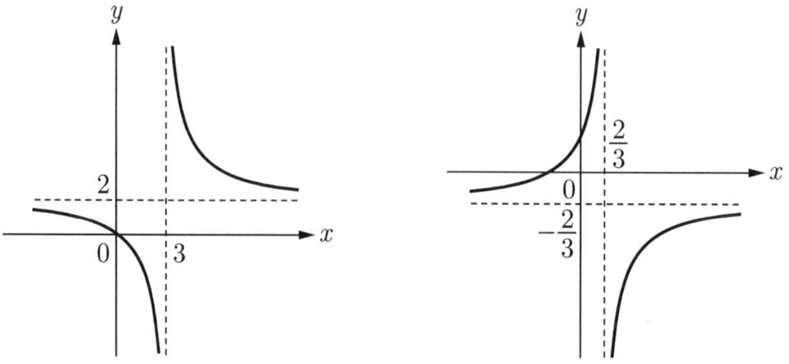

(a) $y = \dfrac{2x}{x-3}$ (b) $y = \dfrac{2x+1}{-3x+2}$

2. 따름정리 4.18 에 의해 $f^{-1}(x) = \dfrac{-3x-5}{x-2}$ 이다.

문제 4.27

1. 유리함수 $y = \dfrac{3}{4x-1}$ 의 그래프를 그리고 점근선을 구하여라.
2. 유리함수 $y = \dfrac{7x-3}{-2x+1}$ 의 역함수를 구하여라.

다음으로 **무리함수**에 대해 알아보자. 여기에서는 $f(x) = \sqrt{ax+b}+c$ 또는 $f(x) = -\sqrt{ax+b}+c$ 꼴의 무리함수를 다룬다. 이 가운데 가장 기본적인 무리함수는 $a \neq 0$ 일 때 $g(x) = \sqrt{ax}$ 또는 $f(x) = -\sqrt{ax}$ 일 것이다. 이 가운데 먼저 $y = \sqrt{x}$ 의 그래프를 살펴보자. 물론 이 때 함숫값이 정의되려면 $x \geq 0$ 이어야 한다. $f : [0, \infty) \to \mathbb{R}, f(x) = x^2$ 일 때, f 는 일대일 함수이므로 역함수 $f^{-1}(x) = \sqrt{x}$ 를 가진다. 따라서 정리 4.12에 의해 $y = x^2$ $(x \geq 0)$ 의 그래프와 $y = \sqrt{x}$ 의 그래프는 직선 $y = x$ 에 대해 대칭이다. 이로부터 $y = \sqrt{x}$ 의 그래프를 그릴 수 있다.

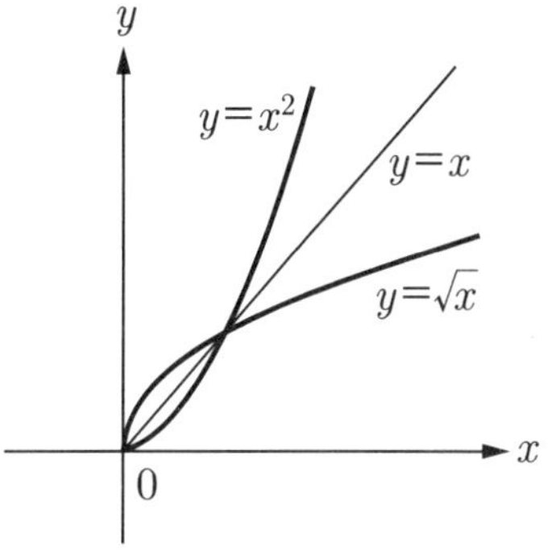

그림 4.18 $y = \sqrt{x}$의 그래프

이와 마찬가지로 $a > 0$ 일 때, $f(x) = \sqrt{ax}$ 는 $g(x) = \dfrac{x^2}{a}(x \geq 0)$ 의 역함수이고 $a < 0$ 이면 $f(x) = \sqrt{ax}$ 는 $g(x) = \dfrac{x^2}{a}(x \leq 0)$ 의 역함수임을 이용하여 다음과 같이 그래프를 그릴 수 있다.

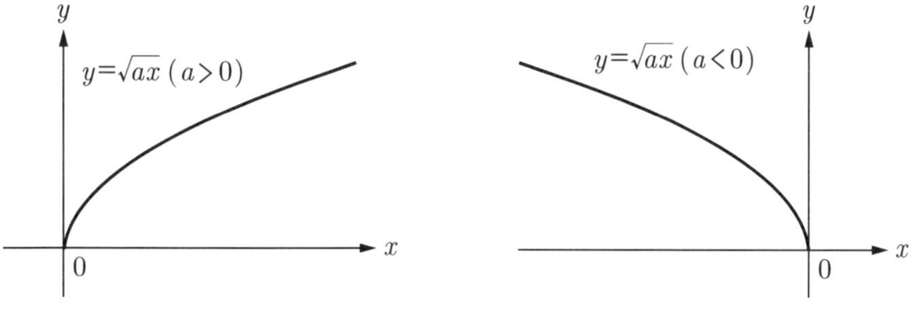

그림 4.19 $y = \sqrt{ax}$의 그래프

$a > 0$ 일 때, $f(x) = \sqrt{ax}$ 는 증가함수이고 $f(x) = -\sqrt{ax}$ 는 감소함수이다. $a < 0$ 일 때는 이와 완전히 반대이다.

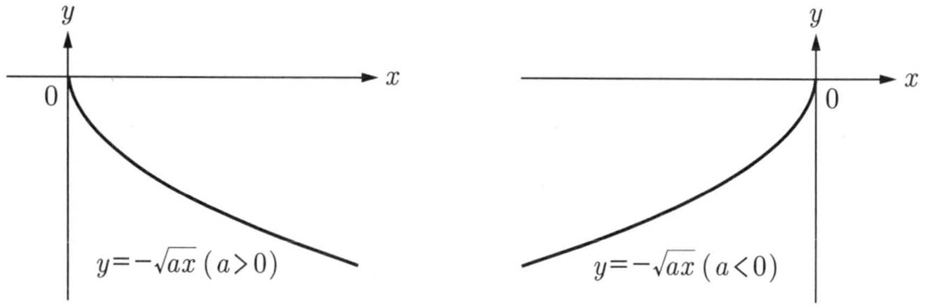

그림 4.20 $y = \sqrt{ax}$의 그래프

정리 4.14

1. $a \neq 0$ 일 때, 무리함수 $f(x) = \sqrt{ax}$ 의 그래프를 y 축에 대해 대칭이동시키면 $f(x) = \sqrt{-ax}$ 의 그래프가 된다.

2. $a \neq 0$ 일 때, 무리함수 $f(x) = \sqrt{ax}$ 의 그래프를 x 축에 대해 대칭이동시키면 $f(x) = -\sqrt{ax}$ 의 그래프가 된다.

3. $a \neq 0$ 일 때, 무리함수 $f(x) = \sqrt{ax}$ 의 그래프를 원점에 대해 대칭이동시키면 $f(x) = -\sqrt{-ax}$ 의 그래프가 된다.

증명 4.7

1. $f(-x) = \sqrt{a(-x)} = \sqrt{-ax}$ 이므로 따름정리 4.10에 의해 그래프 $y = \sqrt{ax}$ 를 y 축에 대해 대칭이동시키면 그래프

$$y = \sqrt{-ax}$$

가 된다.

2. $-f(x) = -\sqrt{ax} = -\sqrt{ax}$ 이므로 따름정리 4.10 에 의해 그래프 $y = \sqrt{ax}$ 를 x 축에 대해 대칭이동시키면 그래프

$$y = -\sqrt{ax}$$

가 된다.

3. $-f(-x) = -\sqrt{a(-x)} = -\sqrt{-ax}$ 이므로 따름정리 4.10에 의해 그래표 $y = \sqrt{ax}$

를 원점에 대해 대칭이동시키면 그래프

$$y = -\sqrt{-ax}$$

가 된다.

아래 그림은 몇 가지 a 에 대해 $f(x) = \sqrt{ax}$ 의 그래프를 살펴본 것이다.

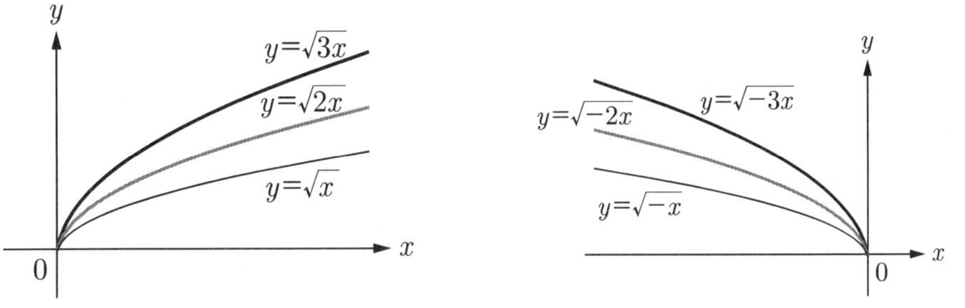

그림 4.21 $y = \sqrt{ax}$의 그래프의 비교

a 가 크면 클수록 무리함수 $f(x) = \sqrt{ax}$ 또는 $f(x) = -\sqrt{ax}$ 의 그래프는 x 축에서 멀어진다. 이제 $f(x) = \sqrt{ax}$ 의 그래프를 x 축이나 y 축의 방향으로 평행이동시킨 그래프를 구해보자. 그래프 $y = \sqrt{ax}$ 를 x 축 양의 방향으로 p 만큼 평행이동시킨 그래프는 $y = \sqrt{a(x-p)}$ 의 그래프이고 이 그래프를 다시 y 축 양의 방향으로 q 만큼 평행이동시킨 그래프는 그림 4.24에서 보듯이 $y = \sqrt{a(x-p)}+q$ 의 그래프가 나온다. $a > 0$ 이면 $x \geq p$ 일 때, $f(x) = \sqrt{a(x-p)}+q$ 의 함숫값이 정의되고 $a < 0$ 이면 $x \leq p$ 일 때, $f(x) = \sqrt{a(x-p)} + q$ 의 함 숫값이 정의된다. $f(x) = -\sqrt{ax}$ 의 그래프를 평행이동시키는 경우도 마찬가지다.

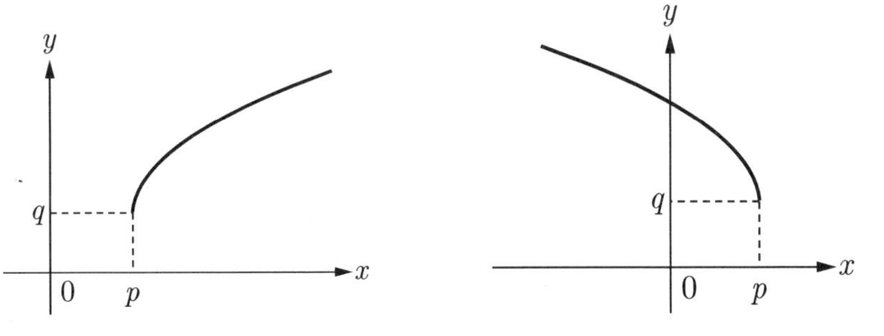

그림 4.22 $y = \sqrt{ax}$의 그래프의 평행이동

정리 4.15

무리함수 $f(x)=\sqrt{ax+b}+c(a\neq 0)$ 의 그래프는 $f(x)=\sqrt{ax}$ 의 그래프를 x 축 양 의 방향으로 $-\frac{b}{a}$ 만큼, 그리고 y 축 양의 방향으로 c 만큼 평행이동시킨 그래프이다.

증명 4.8

$f(x)=\sqrt{ax+b}+c=\sqrt{a\left(x+\frac{b}{a}\right)}+c$ 이므로 $p=-\frac{b}{a}$ 이고 $q=c$ 일 때 $f(x)=\sqrt{a(x-p)}+q$ 이다.

예제 4.29

1. 무리함수의 그래프 $y=\sqrt{3x}$ 를 x 축 양의 방향으로 1 만큼, 그리고 y 축 양 의 방향으로 $-\frac{1}{2}$ 만큼 평행이동시킨 그래프는 어떤 함수의 그래프인가?
2. $f(x)=\sqrt{-x}$ 의 그래프를 x 축 양의 방향으로 p 만큼, y 축 양의 방향으로 q 만큼 평행이동시킨 그래프가 $x\leq 3$ 일 때 정의되고 최솟값이 -1 일 때 p,q 를 구하여라.
3. 무리함수 $y=\sqrt{2x+1}+3$ 의 그래프를 그려라.

풀이

1. $f(x)=\sqrt{3(x-1)}-\frac{1}{2}=\sqrt{3x-3}-\frac{1}{2}$ 의 그래프이다.
2. $p=3,q=-1$ 이다.
3. $y=\sqrt{2x+1}+3=\sqrt{2\left(x+\frac{1}{2}\right)}+3$ 이므로 $y=\sqrt{2x+1}+3$ 의 그래프는 다음과 같다.

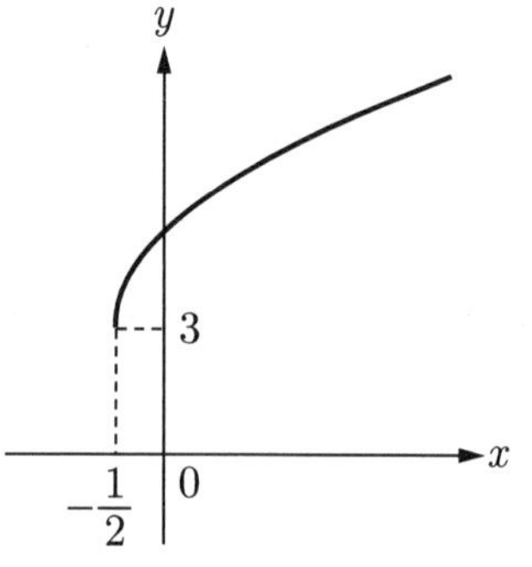

문제 4.28

1. 무리함수의 그래프 $y = \sqrt{-2x}$ 를 x 축 양의 방향으로 5 만큼, 그리고 y 축 양의 방향으로 3 만큼 평행이동시킨 그래프는 어떤 함수의 그래프인가?

2. 무리함수 $f(x) = -\sqrt{x}$ 의 그래프를 x 축 양의 방향으로 p 만큼, y 축 양의방향으로 q 만큼 평행이동시킨 그래프가 $x \geq -2$ 일 때 정의되고 $f(-2) = 7$ 일 때 p, q 를 구하여라.

3. 무리함수 $y = \sqrt{2x+1} + 3$ 의 그래프를 그려라.

연습문제

1. $y = 3x^2 + 1$ 의 그래프를 x 축에 대해 대칭이동시키면 어떤 함수의 그래프가 되는가?

2. $y = x^2 - 1$ 의 그래프를 x 축 양의 방향으로 2 만큼 평행이동시킨 다음 y 축을 중심으로 대칭이동시킨 그래프의 방정식을 구하여라.

3. 대칭축이 $x = 3$ 이고 최솟값이 2 인 이차함수의 그래프가 점 $(1,\ 5)$ 를 지날 때, 이 그래프의 방정식을 구하여라.

4. $y = \dfrac{a}{x}$ 의 그래프를 x 축 양의 방향으로 p 만큼 y 축 양의 방향으로 q 만큼 평행이동시킨 그래프가 $y = \dfrac{2x+1}{x-2}$ 의 그래프일 때, a, p, q 를 구하여라.

5. $y = \dfrac{1}{x}$ 의 그래프를 평행이동시킨 그래프의 점근선이 $x = 3, y = 2$ 일 때, 이 그래프는 어떤 함수의 그래프인가?

6. $y = \dfrac{x+3}{2x-1}$ 의 역함수를 구하여라.

7. $y = \sqrt{3x-1} - 2$ 의 그래프를 그려라.

제 5 장
수열

5.1 수열의 개념

수열이란 수를 한 줄로 끝없이 늘어놓은것이다. 예를들면

$$1,\ 2,\ 3,\ 4,\ \ldots$$

이나

$$3,\ 7,\ 2,\ 1,\ 6,\ \ldots$$

등이 있는데 수열에는 앞의 보기처럼 규칙이 있는 수열이 있고 뒤의 보기처럼 특별한 규칙이 보이지 않는 것도 있다. 숫자 이외에 함수나 집합 행렬 등을 늘어놓은 경우도 있는데, 이 때에는 각각 함수의 수열, 집합의 수열, 행렬의 수열 등으로 부른다. 또 수를 끝없이 늘어놓지 않 고 유한개만 한 줄로 늘어놓은 경우도 있는데, 이것을 유한수열이라 부른다.

수열에서 맨 처음에 오는 수를 **초항**, 그 다음에 오는 수를 제 2 항, 그 다음은 3 항 등으로 부르는데, 일반적으로 n 번째에 오는 수를 제 n 항 또는 일반항이라 한다. 수열은 보통 **일반항**을 가지고 $\{a_n\}$ 으로 나타낸다. 예를 들어 $\{a_n\}$ 이 규칙적으로 증가하는 수열

$$1, 3, 5, 7, \cdots$$

이면 $a_1 = 1,\ a_2 = 3,\ a_3 = 5$ 이고, 이에 따라 일반항은 $a_n = 2n - 1$ 로 나타낼 수 있다.

예제 5.1

1. 수열 $\{a_n\}$ 이 3, 7, 2, 9, 6, 3, 1, $\cdots$ 일 때 이 수열의 3 항과 a_7 을 구하여라.

2. 자연수 n 에 대해 $a_n = 2n^2 + (-1)^n$ 일 때 수열 $\{a_n\}$ 의 3 항과 5 항을 구하여라.

풀이

1. 3 항은 2 이고 a_7 은 1 이다.

2. 3 항은 $a_3 = 2 \cdot 3^2 + (-1)^3 = 17$ 이고 5 항은 $a_5 = 2 \cdot 5^2 + (-1)^5 = 49$ 이다.

문제 5.1

자연수 n 에 대해 $a_n = 2^n + n - 2$ 일 때 수열 $\{a_n\}$ 의 2 항과 4 항을 구하여라.

정의 5.1 수열의 상등

두 수열 $\{a_n\}$, $\{b_n\}$ 이 모든 n 에 대해 $a_n = b_n$ 이면 이 두 수열은 같다고 한다.

정의 5.2

두 수열 $\{a_n\}$ 이 모든 n 에 대해 $a_n \leq a_{n+1}$ 이면 이 수열은 **증가수열**이라 하고 모든 n 에 대해 $a_n \geq a_{n+1}$ 이면 이 수열은 **감소수열**이라 한다. 또 수열 $\{a_n\}$ 이 모든 n 에 대해 $a_n = c$ 인 상수 c 가 있으면 이 수열은 **상수수열**이라 한다.

예제 5.2

자연수 n 에 대해 $a_n = n^2 - n$ 일 때 수열 $\{a_n\}$ 은 증가수열인가?

[**풀이**] 모든 n 에 대해 $a_{n+1} = (n+1)^2 - (n+1) = n^2 + n \geq n^2 - n = a_n$ 이므로 $\{a_n\}$ 은 증가수열이다.

문제 5.2

자연수 n 에 대해 $a_n = n + (-1)^n$ 일 때 수열 $\{a_n\}$ 은 증가수열인가?

연습문제

1. $a_n = n^2 + an$ 이고 수열 $\{a_n\}$ 의 3 항과 5 항이 같다면 이 수열의 7 항은 얼마인가?

2. (a) $a_n = (n+a)^2 + 10(-1)^n$ 일 때 $a < \dfrac{15}{2}$ 이면 수열 $\{a_n\}$ 은 증가수열이 아님을 보여라.

   (b) $a_n = (n+a)^2 + 10(-1)^n$ 일 때 $a \geq \dfrac{15}{2}$ 이면 수열 $\{a_n\}$ 은 증가수열임을 보여라.

3. $a_n = an - n^2$ 일 때 수열 $\{a_n\}$ 이 감소수열이 되는 a 의 범위를 구하여라.

5.2 등차수열과 등비수열

수열 가운데

$$1,\ 2,\ 3,\ 4,\ \cdots$$

이나

$$9,\ 7,\ 5,\ 3,\ \cdots$$

또는

$$5,\ 9,\ 13,\ 17,\ \cdots$$

등과 같이 일정하게 증가하거나 감소하는 수열을 **등차수열**이라 한다. 좀더 정확하게 말하면 n 항과 $n+1$ 항의 차이가 n 에 관계없이 일정한 수열이 등차수열이다. 따라서 수열 $\{a_n\}$ 이 등차수열일 조건은 모든 n 에 대해 $a_{n+1} - a_n = d$ 인 상수 d 가 있다는 것이다. 이 때 d 를 등차수열 $\{a_n\}$ 의 **공차**라 한다. 예를 들면

$$1,\ 3,\ 5,\ 7,\ \cdots$$

은 초항이 1 이고 공차가 2 인 등차수열이고

$$8,\ 5,\ 2,\ -1,\ \cdots$$

은 초항이 8 이고 공차가 -3 인 등차수열이다. 초항이 a 이고 공차가 d 인 등차수열 $\{a_n\}$ 의 일반항은

$$\begin{aligned} a_n &= (a_n - a_{n-1}) + (a_{n-1} - a_{n-2}) + \cdots + (a_2 - a_1) + a_1 \\ &= (d + d + \cdots + d) + a = a + (n-1)d \end{aligned}$$

이다. 이를 늘어놓으면

$$a,\ a+d,\ a+2d,\ \cdots$$

이다. 등차수열 $\{a_n\}$ 의 초항부터 n 항까지의 합 S_n 을 계산해보자. $\{a_n\}$ 의 초항이 a, 공차가 d 일 때 $S_n = a_1 + a_2 + \cdots + a_n$ 이므로

$$S_n = a \qquad\qquad + (a+d) \qquad\quad + \cdots + (a + (n-1)d)$$

$$S_n = (a + (n-1)d) + (a + (n-2)d) + \cdots + a$$

에서

$$\begin{aligned}2S_n &= (2a+(n-1)d)+(2a+(n-1)d)+\cdots+(2a+(n-1)d)\\ &= n(2a+(n-1)d)\end{aligned}$$

이고, 따라서

$$S_n = na + \frac{n(n-1)d}{2}$$

이다. 이 결과를 요약하면 다음과 같다.

정리 5.1

수열 $\{a_n\}$ 이 초항이 a 이고 공차가 d 인 등차수열일 때 $\{a_n\}$ 의 일반항은

$$a_n = a + (n-1)d$$

이고 $\{a_n\}$ 의 초항부터 n 항까지의 합 $S_n = a_1 + a_2 + \cdots + a_n$ 은

$$na + \frac{n(n-1)d}{2}$$

이다. 특히 $a = d = 1$ 일 때 $1 + 2 + \cdots + n = \dfrac{n(n+1)}{2}$ 이다.

예제 5.3

1. 초항이 3 이고 공차가 2 인 등차수열의 일반항과 초항부터 n 항까지의 합을 구하여라.

2. $3 + 7 + 11 + \cdots + 87$ 은 얼마인가?

풀이

1. 이 수열을 $\{a_n\}$ 이라 할 때 정리 5.1에 의해 이 수열의 일반항은

$$a_n = 3 + 2(n-1) = 2n + 1$$

이고 초항부터 n 항까지의 합은 $3n + \dfrac{n(n-1)2}{2} = n^2 + 2n$ 이다.

2. 수열 $\{3,\ 7,\ 11,\ \cdots\}$ 을 $\{a_n\}$ 이라 할 때 이 수열은 초항이 3 이고 공차가 4 인 등차수열이므로 일반항은

$$a_n = 3 + 4(n-1) = 4n - 1$$

이다. 이 때 $a_n = 4n - 1 = 87$ 을 풀면 $n = 22$ 이므로 87 은 22 항이다.

따라서 구하는 합은 정리 5.1 에 의해 $22 \cdot 3 + \dfrac{22 \cdot 21 \cdot 4}{2} = 990$ 이다.

문제 5.3

1. 초항이 5 이고 공차가 -3 인 등차수열의 초항부터 50 항까지의 합을 구하여라.

2. $2 + 7 + 12 + \cdots + (5n + 2)$ 는 얼마인가?

다음으로

$$1,\ 2,\ 4,\ 8,\ 16,\ \cdots$$

이나

$$1, \frac{1}{10}, \frac{1}{100}, \frac{1}{1000}, \cdots$$

같이 일정한 비율로 늘어나거나 줄어드는 수열을 생각해보자. 이런 수열은 은행에 복리로 돈을 맡길 때의 원금과 이자의 합이나 또는 바이러스의 증가 속도 등 사회현상이나 자연현상 에서 많이 나오는 수열이다. 이런 수열은 이웃한 두 항의 비율이 일정하므로 **등비수열**이라 한다. 다시 말해 수열 $\{a_n\}$ 이 등비수열이라는 것은 모든 자연수 n 에 대해 $\frac{a_{n+1}}{a_n} = r$ 인 0 이 아닌 상수 r 이 있다는 것이다. 이런 r 을 이 등비수열의 **공비**라 한다.

정리 5.2 등비수열의 일반항

$\{a_n\}$ 이 초항이 a 이고 공비가 r 인 등비수열일 때 일반항은 다음과 같다.

$$a_n = ar^{n-1}$$

증명 5.1

n 이 자연수일 때,

$$a_n = \frac{a_n}{a_{n-1}} \frac{a_{n-1}}{a_{n-2}} \cdots \frac{a_2}{a_1} a_1 = r \cdot r \cdot \cdots \cdot r \cdot a = ar^{n-1}$$

이다.

예제 5.4

초항이 2 이고 공비가 5 인 등비수열의 일반항을 구하고 $10 \cdot 5^{10}$ 이 몇 번째 항 인지 결정하여라.

풀이

이 수열을 $\{a_n\}$ 이라 할 때 정리 5.2에 의해 이 수열의 일반항은 $a_n = 2 \cdot 5^{n-1}$ 이다. 그리고 $10 \cdot 5^{10} = 2 \cdot 5^{n-1}$ 이면 $n = 12$ 이므로 $10 \cdot 5^{10}$ 은 이 수열의 12번째 항이다.

문제 5.4

두 번째 항이 5 이고 세 번째 항이 10 인 등비수열의 일반항을 구하고 $5 \cdot 4^{10}$ 이 몇 번째 항인지 결정하여라.

다음으로 등비수열의 초항부터 n 항까지의 합을 구해보자. 수열 $\{a_n\}$ 이 초항이 a 이고 공 비가 r 인 등비수열일 때 $S_n = a_1 + a_2 + \cdots + a_n$ 이라 하자. $r \neq 1$ 이면

$$S_n = a + ar + \cdots + ar^{n-2} + ar^{n-1}$$
$$rS_n = ar + ar^2 + \cdots + ar^{n-1} + ar^n$$

이므로

$$S_n - rS_n = a - ar^n$$

이고 따라서

$$S_n = \frac{a - ar^n}{1 - r} = \frac{1 - r^n}{1 - r}a = \frac{r^n - 1}{r - 1}a$$

이다. $r = 1$ 이면

$$S_n = a + a + \cdots + a = na$$

이다. 이 결과를 요약하면 다음 정리를 얻을 수 있다.

정리 5.3

수열 $\{a_n\}$ 이 초항이 a 이고 공비가 r 인 등차수열일 때 $\{a_n\}$ 의 초항부터 n 항까지의 합

$$S_n = a_1 + a_2 + \cdots + a_n$$

은 $r \neq 1$ 일 때

$$\frac{1-r^n}{1-r}a = \frac{r^n-1}{r-1}a$$

이고 $r=1$ 이면 na 이다.

예제 5.5

1. 초항이 1 이고 공비가 $\frac{1}{2}$ 인 등비수열의 초항부터 n 항까지의 합을 구하여라.
2. 초항이 7 이고 공비가 3 인 등비수열의 n 항부터 $2n$ 항까지의 합을 구하여라.

풀이

1. 정리 5.3 에 의해 구하는 합은 $\dfrac{1-\left(\frac{1}{2}\right)^n}{1-\frac{1}{2}} \cdot 1 = 2 - \dfrac{1}{2^{n-1}}$ 이다.
2. 이 등비수열의 초항부터 $2n$ 항까지의 합은

$$\frac{3^{2n}-1}{3-1}7 = \frac{7\left(3^{2n}-1\right)}{2}$$

이고 이 수열의 초항부터 $n-1$ 항까지의 합은

$$\frac{3^{n-1}-1}{3-1}7 = \frac{7\left(3^{n-1}-1\right)}{2}$$

이므로 n 항부 터 $2n$ 항까지의 합은

$$\frac{7\left(3^{2n}-1\right)}{2} - \frac{7\left(3^{n-1}-1\right)}{2} = \frac{7\left(3^{2n}-3^{n-1}\right)}{2}$$

이다.

문제 5.5

1. 초항이 $\frac{1}{3}$ 이고 공비가 4 인 등비수열의 초항부터 n 항까지의 합을 구하여라.
2. 초항이 -1 이고 공비가 2 인 등비수열의 $n+5$ 항부터 $2n-1$ 항까지의 합을 구하여라.

연습문제

1. 초항이 3 인 등차수열의 초항부터 10 항까지의 합이 165 일 때 이 등차수열의 공차를 구하여라.

2. 초항이 3 이고 3 항이 27 인 등비수열의 5 항부터 15 항까지의 합을 구하여라.

3. 등비수열 $\{a_n\}$ 의 초항부터 10 항까지의 합이 10 이고, 초항부터 20 항까지의 합이 30 이다. 이 수열의 초항부터 30 항까지의 합을 구하여라.

5.3 합의 기호 Σ

수열 $\{a_n\}$ 이 주어져 있고 m, n 이 $m \le n$ 인 자연수들일 때 $\{a_n\}$ 의 m 항부터 n 항까 지의 합 $a_k + a_{k+1} + \cdots + a_n$ 을 기호로 $\sum_{k=m}^{n} a_k$ 로 나타낸다. 예를 들면 $\sum_{k=3}^{5} a_k = a_3 + a_4 + a_5$ 이다. 이 때 k 는 변수이므로 k 대신 다른 문자, 예를 들어 i 를 사용하여 $\sum_{i=m}^{n} a_i$ 와 같이 나타내어도 마찬가지다. 원래 m, n 이 자연수여야 하지만 a_0 가 정의되어 있을 경우에는 0 도 허용되는 경우가 있다. 예를 들면 $\sum_{k=0}^{2} a_k = a_0 + a_1 + a_2$ 이다. 상수 c 에 대해 $\sum_{k=m}^{n} c = c + c + \cdots + c = (n - m + 1)c$ 임은 쉽게 알 수 있다. 또 우리는 앞 절의 정리 5.1과 5.3으로부터 다 음 사실들을 알 수 있다.

$$\sum_{k=1}^{n}(a + (k-1)d) = na + \frac{n(n-1)d}{2},$$
$$\sum_{k=1}^{n} ar^{k-1} = \frac{1 - r^n}{1 - r}a = \frac{r^n - 1}{r - 1}a \quad (r \ne 1)$$

특히 $\sum_{k=1}^{n} k = \frac{n(n+1)}{2}$ 이다. $\sum$ 의 기본적인 성질은 다음과 같다.

정리 5.4

수열 $\{a_n\}$ 과 $\{b_n\}$ 에 대해 다음의 성질들이 성립한다.

1. $l < m \le n$ 일 때 $\sum_{k=l}^{m-1} a_k + \sum_{k=m}^{n} a_k = \sum_{k=l}^{n} a_k$ 이다.
2. $m \le n$ 일 때 $\sum_{k=m}^{n} (a_k + b_k) = \sum_{k=m}^{n} a_k + \sum_{k=m}^{n} b_k$ 이다.
3. c가 상수일 때 $\sum_{k=m}^{n} (ca_k) = \sum_{k=m}^{n} ca_k$ 이다.
4. $m \le n$ 이고 $m \le k \le n$ 인 모든 k 에 대해 $a_k \le b_k$ 이면 $\sum_{k=m}^{n} a_k \le \sum_{k=m}^{n} b_k$ 이다.

증명 5.2

1. $$\sum_{k=l}^{m-1} a_k + \sum_{k=m}^{n} a_k = (a_l + a_{l+1} + \cdots + a_{m-1}) + (a_m + a_{m+1} + \cdots + a_n)$$
$$= a_1 + a_{1+1} + \cdots + a_n = \sum_{k=1}^{n} a_k$$

2. $$\sum_{k=m}^{n} (a_k + b_k) = (a_m + b_m) + (a_{m+1} + b_{m+1}) + \cdots + (a_n + b_n)$$
$$= (a_m + a_{m+1} + \cdots + a_n) + (b_m + b_{m+1} + \cdots + b_n)$$
$$= \sum_{k=m}^{n} a_k + \sum_{k=m}^{n} b_k$$

3. $$\sum_{k=m}^{n} (ca_k) = (ca_m + ca_{m+1} + \cdots + ca_n) = c\,(a_m + a_{m+1} + \cdots + a_n)$$
$$= c\sum_{k=m}^{n} a_k$$

4. $$\sum_{k=m}^{n} a_k = a_m + a_{m+1} + \cdots + a_n \le b_m + b_{m+1} + \cdots + b_n = \sum_{k=m}^{n} b_k$$

예제 5.6

1. $\displaystyle\sum_{k=1}^{100}(3k+7)$ 을 구하여라.

2. $\displaystyle\sum_{k=1}^{n}(5k-1)$ 을 구하여라.

2. $\displaystyle\sum_{k=5}^{n} 2^{k-1}$ 을 구하여라.

4. $\displaystyle\sum_{k=1}^{n}(3^{k+1}+k)$ 를 구하여라.

풀이

1. $$\sum_{k=1}^{100}(3k+7) = 3\left(\sum_{k=1}^{100} k\right) + \sum_{k=1}^{100} 7 = 3\frac{100\cdot 101}{2} + 700 = 15850$$

2. $$\sum_{k=1}^{n}(5k-1) = 5\sum_{k=1}^{n} k - \sum_{k=1}^{n} 1 = 5\frac{n(n+1)}{2} - n = \frac{n(5n+3)}{2}$$

3. $a_n = 2^{n-1}$ 이면 $\{a_n\}$ 은 초항이 1 이고 공비가 2 인 등비수열이므로 정리

5.3 에 의해

$$\sum_{k=1}^{n} 2^{k-1} = \frac{2^n - 1}{2-1} = 2^n - 1$$

이다. 따라서

$$\sum_{k=5}^{n} 2^{k-1} = \sum_{k=1}^{n} 2^{k-1} - \sum_{k=1}^{4} 2^{k-1} = 2^n - 1 - \frac{2^4 - 1}{2-1} = 2^n - 16.$$

4. $$\begin{aligned}\sum_{k=1}^{n} (3^{k+1} + i) &= \sum_{k=1}^{n} 3^{k+1} + \sum_{k=1}^{n} k = \frac{3^n - 1}{3-1} 9 + \frac{n(n+1)}{2} \\ &= \frac{9}{2}(3^n - 1) + \frac{n(n+1)}{2}\end{aligned}$$

문제 5.6

1. $\sum_{k=1}^{100} (5k+4)$ 을 구하여라.
2. $\sum_{k=8}^{n} (8k-5)$ 을 구하여라.
3. $\sum_{k=1}^{n} \left(\left(\frac{1}{2}\right)^{2k+1} - 3k \right)$ 을 구하여라.

정의 5.3 계차수열

수열 $\{a_n\}$ 이 주어졌을 때 모든 자연수 n 에 대해 $b_n = a_{n+1} - a_n$ 이 성립하는 수열 $\{b_n\}$ 을 수열 $\{a_n\}$ 의 **계차수열**이라 한다. 계차수열이 상수수열이 되는 수열은 등차수열이다.

보조정리 5.4

수열 $\{a_n\}$ 의 계차수열이 $\{b_n\}$ 이면 $\sum_{k=1}^{n-1} b_k = \sum_{k=1}^{n-1} (a_{k+1} - a_k) = a_n - a_1$ 이다.

증명 5.3

$$\begin{aligned}\sum_{k=1}^{n-1} b_k &= (a_2 - a_1) + (a_3 - a_2) + \cdots + (a_n - a_{n-1}) \\ &= (-a_1 + a_2) + (-a_2 + a_3) + \cdots + (-a_{n-1} + a_n) \\ &= -a_1 + (a_2 - a_2) + (a_3 - a_3) + \cdots + (a_{n-1} - a_{n-1}) + a_n = a_n - a_1\end{aligned}$$

정리 5.5

수열 $\{a_n\}$ 의 계차수열이 초항이 a 이고 공차가 d 인 등차수열일 때 이 수열의 일반항은

$$a_n = (n-1)a + \frac{(n-1)(n-2)d}{2} + a_1$$

이다.

증명 5.4

보조정리 5.4 에 의해

$$a_n - a_1 = \sum_{k=1}^{n-1}(a + (k-1)d) = (n-1)a + \frac{(n-1)(n-2)d}{2}$$

정리 5.6

수열 $\{a_n\}$ 의 계차수열이 초항이 a 이고 공비가 r 인 등비수열이고 $r \neq 1$ 일 때 이 수열의 일반항은 $a_n = \dfrac{r^{n-1}-1}{r-1}a + a_1$ 이다.

증명 5.5

보조정리 5.4에 의해

$$a_n - a_1 = \sum_{k=1}^{n-1} ar^{k-1} = \frac{r^{n-1}-1}{r-1}a$$

이다.

예제 5.7

1. 수열 $\{a_n\}$ 의 계차수열 $\{b_n\}$ 이 $b_n = 4n+3$ 이고 $a_1 = 2$ 일 때, 수열 $\{a_n\}$ 의 일반항을 구하여라.

2. 수열 $\{a_n\}$ 의 계차수열 $\{b_n\}$ 이 $b_n = 2^{n-1}+n+2$ 이고 $a_1 = -1$ 일 때, 수열 $\{a_n\}$ 의 일반항을 구하여라.

풀이

1. $\{b_n\}$ 의 초항이 7 이고 공차가 4 이므로 정리 5.6에 의해

$$a_n = (n-1)7 + \frac{(n-1)(n-2)4}{2} + 2 = 2n^2 - 5n + 5.$$

2. $$\begin{aligned} a_n &= a_1 + \sum_{k=1}^{n-1}\left(2^{k-1}+k+2\right) = -1 + \left(2^{n-1}-1\right) + \frac{n(n-1)}{2} + 2(n-1) \\ &= 2^{n-1} + \frac{n^2+3n-8}{2} \end{aligned}$$

문제 5.7

1. 수열 $\{a_n\}$ 의 계차수열 $\{b_n\}$ 이 $b_n = \dfrac{3^n}{2}$ 이고 $a_1 = 0$ 일 때 $\{a_n\}$ 의 일반항을 구하여라.

2. 수열 $\{a_n\}$ 의 계차수열 $\{b_n\}$ 이 $b_n = 2^{n-1} - 3n + 3$ 이고 $a_1 = 8$ 일 때 $\{a_n\}$ 의 일반항을 구하여라.

지금까지 우리는 보조정리 5.4를 이용하여 계차수열의 합을 구할 수 있는 수열의 일반항을 계산하였다. 이제 이 보조정리를 거꾸로 써서 다른 수열의 계차수열로 나타나는 수열의 합을 계산하자.

다음은 보조정리 5.4 를 이용하여 수열의 합을 계산하는 몇 가지 전형적인 경우들이다.

1. 자연수 n 에 대해 $a_n = -\dfrac{1}{n}$ 일 때 수열 $\{a_n\}$ 의 계차수열 $\{b_n\}$ 은

$$b_n = a_{n+1} - a_n = -\frac{1}{n+1} + \frac{1}{n} = \frac{1}{n(n+1)}$$

이므로 보조정리 5.4 에 의해

$$\sum_{k=1}^{n} \frac{1}{k(k+1)} = \sum_{k=1}^{n} b_k = a_{n+1} - a_1 = -\frac{1}{n+1} + 1 = \frac{n}{n+1}$$

이다.

2. 자연수 n 에 대해 $a_n = \log_2 n$ 일 때 수열 $\{a_n\}$ 의 계차수열 $\{b_n\}$ 은

$$b_n = a_{n+1} - a_n = \log_2(n+1) - \log_2 n = \log_2 \frac{n+1}{n}$$

이므로 보조정리 5.4에 의해

$$\sum_{k=1}^{n} \log_2 \frac{k+1}{k} = \sum_{k=1}^{n} b_k = a_{n+1} - a_1 = \log_2(n+1) - \log_2 1 = \log_2(n+1)$$

이다.

3. 자연수 n 에 대해 $a_n = (n-1)n(n+1)$ 일 때 수열 $\{a_n\}$ 의 계차수열 $\{b_n\}$ 은

$$\begin{aligned} b_n = a_{n+1} - a_n &= n(n+1)(n+2) - (n-1)n(n+1) \\ &= n(n+1)(n+2-(n-1)) = 3n(n+1) \end{aligned}$$

이므로 보조정리 5.4 에 의해

$$3\sum_{k=1}^{n} k(k+1) = \sum_{k=1}^{n} b_k = a_{n+1} - a_1 = n(n+1)(n+2) - 0 = n(n+1)(n+2)$$

이다. 따라서

$$\sum_{k=1}^{n} k(k+1) = \frac{1}{3}n(n+1)(n+2)$$

이다. 이와 같은 방법으로 우리는 합을 구하는 방법을 모르던 여러 가지 수열에 대해 합을 구할 수 있다. 그런데 이런 방법에서의 문제점은 결과를 미리 알지 못하면 방법을 찾아내기 힘들 다는 것이다. 따라서 이 문제들을

$$\begin{aligned} \sum_{k=1}^{n} \frac{1}{k(k+1)} = \sum_{k=1}^{n} \left(\frac{1}{k} - \frac{1}{k+1}\right) &= \left(1 - \frac{1}{2}\right) + \left(\frac{1}{2} - \frac{1}{3}\right) + \cdots + \left(\frac{1}{n} - \frac{1}{n+1}\right) \\ &= 1 + \left(-\frac{1}{2} + \frac{1}{2}\right) + \left(-\frac{1}{3} + \frac{1}{3}\right) + \cdots + \left(-\frac{1}{n} + \frac{1}{n}\right) - \frac{1}{n+1} \\ &= 1 - \frac{1}{n+1} = \frac{n}{n+1}, \end{aligned}$$

$$\sum_{k=1}^{n} \log_2 \frac{k+1}{k} = \sum_{k=1}^{n} (\log_2(k+1) - \log_2 k)$$

$$= (\log_2 2 - \log_2 1) + (\log_2 3 - \log_2 2) + \cdots + (\log_2(n+1) - \log_2 n)$$

$$= -\log_2 1 + \log_2(n+1) = \log_2(n+1)$$

과 같이 전개해서 푸는 방법도 함께 알아두면 도움이 많이 될 것이다.

예제 5.8

1. $\displaystyle\sum_{k=1}^{n} \left((k+1)^{k+1} - k^k\right)$ 을 구하여라.

2. $\displaystyle\sum_{k=1}^{n} \frac{1}{(k+2)(k+3)}$ 을 구하여라.

2. $\displaystyle\sum_{k=1}^{n} k^2$ 을 구하여라.

4. $\displaystyle\sum_{k=1}^{n} k(k+1)(k+2)$ 를 구하여라.

풀이

1. 자연수 n 에 대해 $a_n = n^n$ 일 때 수열 $\{a_n\}$ 의 계차수열 $\{b_n\}$ 은

$$b_n = a_{n+1} - a_n = (n+1)^{n+1} - n^n$$

이므로 보조정리 5.4 에 의해

$$\sum_{k=1}^{n} \left((k+1)^{k+1} - k^k\right) = a_{n+1} - a_1 = (n+1)^{n+1} - 1$$

이다.

2. $$\sum_{k=1}^{n} \frac{1}{(k+2)(k+3)} = \sum_{k=1}^{n} \left(\frac{1}{k+2} - \frac{1}{k+3}\right)$$

$$= \left(\frac{1}{3} - \frac{1}{4}\right) + \left(\frac{1}{4} - \frac{1}{5}\right) + \cdots + \left(\frac{1}{n+2} - \frac{1}{n+3}\right)$$

$$= \frac{1}{3} - \frac{1}{n+3} = \frac{n}{3(n+3)}$$

3. $$\sum_{k=1}^{n} k^2 = \sum_{k=1}^{n} k(k+1) - \sum_{k=1}^{n} k = \frac{1}{3}n(n+1)(n+2) - \frac{n(n+1)}{2}$$

$$= \frac{n(n+1)(2n+1)}{6}$$

4. 자연수 n 에 대해 $a_n = (n-1)n(n+1)(n+2)$ 일 때 수열 $\{a_n\}$ 의 계차수열 $\{b_n\}$ 은

$$\begin{aligned} b_n = a_{n+1} - a_n &= n(n+1)(n+2)(n+3) - (n-1)n(n+1)(n+2) \\ &= n(n+1)(n+2)(n+3-(n-1)) = 4n(n+1)(n+2) \end{aligned}$$

이므로 보조정리 5.4 에 의해

$$\begin{aligned} 4\sum_{k=1}^{n} k(k+1)(k+2) = \sum_{k=1}^{n} b_k &= a_{n+1} - a_1 \\ &= n(n+1)(n+2)(n+3) - 0 \\ &= n(n+1)(n+2)(n+3) \end{aligned}$$

이다. 따라서

$$\sum_{k=1}^{n} k(k+1)(k+2) = \frac{1}{3}n(n+1)(n+2)(n+3)$$

이다.

문제 5.8

1. $\displaystyle\sum_{k=1}^{n} \left(\sqrt{(k+1)^3} - \sqrt{k^3}\right)$ 을 구하여라.
2. $\displaystyle\sum_{k=1}^{n} \frac{1}{(2k+1)(2k-1)}$ 을 구하여라.
3. $\displaystyle\sum_{k=1}^{n} k^3$ 을 구하여라.

연습문제

1. $\sum_{k=1}^{n}(3k^2+k)$ 를 구하여라.

2. $\sum_{k=1}^{n}\left(2^k+3^k+k\right)$ 를 구하여라.

3. $a_n=\frac{1}{n^2}$ 일 때 $a_{n+1}-a_n=-\frac{2n+1}{n^2(n+1)^2}$ 임을 이용하여 $\sum_{k=1}^{n}\frac{2k+1}{k^2(k+1)^2}$ 을 구하여라.

4. 수열 $\{a_n\}$ 의 계차수열 $\{b_n\}$ 이 $b_n=n^2$ 이고 $a_1=3$ 일 때 $\{a_n\}$ 의 일반항을 구하여라.

5. (a) $\sum_{k=1}^{n}\frac{1}{\sqrt{k+1}+\sqrt{k}}$ 을 구하여라.

   (b) $\sum_{k=1}^{2n}\frac{1}{\sqrt{k+2}+\sqrt{k}}$ 을 구하여라.

6. $\sum_{k=1}^{n}k(k+1)(k+2)(k+3)$ 을 구하여라.

7. $2^{n-1}<k\le 2^n$ 일 때 $\frac{1}{k}\ge\frac{1}{2^n}$ 임을 이용하여 $\sum_{k=1}^{2^n}\frac{1}{k}\ge\frac{n+1}{2}$ 을 보여라.

5.4 수열의 극한

등비수열 1, $\frac{1}{2}$, $\frac{1}{2^2}$, $\frac{1}{2^3}$, $\cdots$ 을 생각해보자. 이 수열을 $\{a_n\}$ 이라 할 때 a_{100} 은 얼마쯤 되는 수일까? 대부분의 사람들은 0 보다 큰 것은 사실이지만 매우 작아서 0 으로 생각해도 되는 수라고 생각할 것이다. 마찬가지로 $a_n = \frac{n}{n+1}$ 일 때 수열 $\{a_n\}$ 의 값은 n 이 매우 크면 1 과 아주 가까운 수가 될 거라고 생각한다.

이와 같이 수열 $\{a_n\}$ 이 n 이 점점 커질수록 어떤 실수 L 에 점점 가까이 가면 이 수열은 L 로 **수렴**한다고 하고 기호로 $\lim_{n\to\infty} a_n = L$ 과 같이 나타낸다. 이 때 L 을 **수열** $\{a_n\}$ **의 극한값** 이라 한다. 앞에서 살펴본 수열 1, $\frac{1}{2}$, $\frac{1}{2^2}$, $\frac{1}{2^3}$, $\cdots$ 은 0 에 수렴하고 $a_n = \frac{n}{n+1}$ 일 때 수열 $\{a_n\}$ 은 1 에 수렴한다. 모든 n 에 대해 $a_n = c$ 인 상수수열 $\{a_n\}$ 도 c 에 수렴한다. 수열 $\{a_n\}$ 이 수렴하는 상수 L 이 있으면 이 수열은 수렴한다고 하고 그렇지 않으면 이 수열은 **발산** 한다고 한다. 예를 들어 등차수열 1, 2, 3, $\cdots$ 과 $a_n = (-1)^n$ 일 때 수열 $\{a_n\}$ 은 발산한다. 수열 $\{a_n\}$ 이 발산할 때 편의상 $\lim_{n\to\infty} a_n$ 이 발산한다고도 한다. 예를 들면 $\lim_{n\to\infty} \frac{1}{n} = 0$, $\lim_{n\to\infty} \frac{2n}{n-1} = 2$ 이고 $\lim_{n\to\infty} n^2$ 과 $\lim_{n\to\infty} (-2)^n$ 은 모두 발산한다.

등차수열 1, 3, 5, 7, 9, $\cdots$ 와 같이 항이 거듭될수록 수열 $\{a_n\}$ 의 일반항이 한없이 점점 커질 때 이 수열은 무한대로 발산한다고 하고 $\lim_{n\to\infty} a_n = \infty$ 로 나타낸다. 또 수열 -1, -4, -9, $\cdots$ 와 같이 n 이 점점 커질 때 a_n 이 한없이 점점 작아지는 수열 $\{a_n\}$ 은 음의 무한대로 발산한다고 하고 $\lim_{n\to\infty} a_n = -\infty$ 로 나타낸다.

다음은 극한의 기본성질이다.

정리 5.7

두 수열 $\{a_n\}$, $\{b_n\}$ **에 대해** $\lim_{n\to\infty} a_n = L$, $\lim_{n\to\infty} b_n = M$ **이면 다음이 성립한다.**

1. $\lim_{n\to\infty} (a_n + b_n) = L + M$
2. k **가 상수일 때,** $\lim_{n\to\infty} ka_n = kL$
3. $\lim_{n\to\infty} a_n b_n = LM$
4. $M \neq 0$ **이면,** $\lim_{n\to\infty} \frac{a_n}{b_n} = \frac{L}{M}$

다음은 정리 5.8 을 이용하여 계산한 몇 가지의 예이다.

1. $\lim_{n\to\infty} \frac{n}{n+1} = \lim_{n\to\infty} \frac{1}{1+\frac{1}{n}} = \frac{1}{1+0} = 1$ 이다.

2. $\lim_{n\to\infty} \frac{n+1}{n^2-2} = \lim_{n\to\infty} \frac{\frac{1}{n}+\frac{1}{n^2}}{1-\frac{2}{n^2}} = \frac{0+0}{1-0} = 0$ 이다.

예제 5.9

다음 극한을 구하여라.

1. $\lim_{n\to\infty} \frac{2n-1}{3n+2}$

2. $\lim_{n\to\infty} \frac{n^2+5}{2n^2-n+4}$

풀이

1. $\lim_{n\to\infty} \frac{2n-1}{3n+2} = \lim_{n\to\infty} \frac{2-\frac{1}{n}}{3+\frac{2}{n}} = \frac{2}{3}$

2. $\lim_{n\to\infty} \frac{n^2+5}{2n^2-n+4} = \lim_{n\to\infty} \frac{1+\frac{1}{n^2}}{2-\frac{1}{n}+\frac{4}{n^2}} = \frac{1}{2}$

문제 5.9

다음 극한을 구하여라.

1. $\lim_{n\to\infty} \frac{7n-9}{4n+12}$

2. $\lim_{n\to\infty} \frac{\sqrt{n+1}+3}{\sqrt{2n}+1}$

예제 5.10

다음 극한이 수렴하는지 판정하고 수렴하면 극한값을 구하여라.

1. $\lim_{n\to\infty} (\sqrt{n}+\sqrt{n+1})$

2. $\lim_{n\to\infty} \sqrt{n}(\sqrt{n+1}-\sqrt{n})$

3. $\lim_{n\to\infty} \frac{(-1)^n n-1}{3n-3}$

4. $\lim_{n\to\infty} \frac{n^2+1}{\sqrt{n^3+n}}$

풀이

1. $\lim_{n\to\infty}(\sqrt{n}+\sqrt{n+1})=\infty$ 이므로 발산한다.

2. $\lim_{n\to\infty}\sqrt{n}(\sqrt{n+1}-\sqrt{n}) = \lim_{n\to\infty}\sqrt{n}\frac{(\sqrt{n+1}-\sqrt{n})(\sqrt{n+1}+\sqrt{n})}{\sqrt{n+1}+\sqrt{n}} = \lim_{n\to\infty}\frac{\sqrt{n}}{\sqrt{n+1}+\sqrt{n}} = \lim_{n\to\infty}\frac{\sqrt{1}}{\sqrt{1+\frac{1}{n}}+1} = \frac{1}{2}$ 로 수렴한다.

3. $\lim_{n\to\infty}\frac{(-1)^n n-1}{3n-3} = \lim_{n\to\infty}\frac{(-1)^n-\frac{1}{n}}{3-\frac{3}{n}}$ 이므로 발산한다.

4. $\lim_{n\to\infty}\frac{n^2+1}{\sqrt{n^3+n}} = \lim_{n\to\infty}\frac{1+\frac{1}{n^2}}{\sqrt{\frac{1}{n}+\frac{1}{n^2}}} = \infty$ 이므로 발산한다.

문제 5.10

다음 극한이 수렴하는지 판정하고 수렴하면 극한값을 구하여라.

1. $\lim_{n\to\infty}\frac{n\sqrt{n}+\sqrt{n+1}}{2\sqrt{n^3+n}}$
2. $\lim_{n\to\infty}\left(\sqrt{n^2+3n}-\sqrt{n^2}\right)$
3. $\lim_{n\to\infty}\sin\frac{n\pi}{2}$
4. $\lim_{n\to\infty}\left(\sqrt{n^2}-\sqrt{n}\right)$

정리 5.8

세 수열 $\{a_n\},\{b_n\},\{c_n\}$ 이 모든 자연수 n 에 대해 $a_n \le b_n \le c_n$ 이고

$$\lim_{n\to\infty}a_n=\lim_{n\to\infty}c_n=L$$

이면

$$\lim_{n\to\infty}b_n=L$$

이다.

예제 5.11

$\displaystyle\lim_{n\to\infty}\frac{\sin\frac{n\pi}{3}}{n}=0$ 임을 보여라.

[풀이] $\displaystyle -\frac{1}{n}\le\frac{\sin\frac{n\pi}{3}}{n}\le\frac{1}{n}$ 이고 $\displaystyle\lim_{n\to\infty}\left(-\frac{1}{n}\right)=\lim_{n\to\infty}\frac{1}{n}=0$ 이므로

$$\lim_{n\to\infty}\frac{\sin\frac{n\pi}{3}}{n}=0.$$

문제 5.11

$\displaystyle\lim_{n\to\infty}\frac{\cos n}{n}=0$ 임을 보여라.

다음으로 등비수열의 수렴에 대해 알아보자. 물론 1, 2, 4, 8, $\cdots$ 과 같이 공비가 2 인 등비수열은 발산한다. 공비가 이보다 작으면 어떨까? $a_n=1.1^n$ 을 계산해본 결과 $n=10$ 이면 약 2.6 이고 $n=20$ 이면 6.7 을 넘으며, $n=40$ 이면 45 를 넘는다. 이와 같이 등비수열의 공비가 1 을 넘으면 비록 1 을 조금만 넘어도 처음에는 증가속도가 느리다가 결국에는 무한대로 발산한다. 공비가 1 인 등비수열은 상수수열이므로 수렴하며, 공비가 1 보다 작은 양수인 경우에는 0 으로 수렴한다. 공비가 음수인 경우에도 이와 비슷한 이유로 공비가 -1 이하이면 등비수 열은 발산하고 공비가 -1 과 0 사이인 경우에는 0 으로 수렴한다. 이를 다시 요약하면 다음 정리와 같다.

정리 5.9

$|r|>1$ 또는 $r=-1$ 이면

$$\lim_{n\to\infty}r^n$$

은 발산하고, $r=1$ 이면

$$\lim_{n\to\infty}r^n=1,\ |r|<1$$

이면 $\displaystyle\lim_{n\to\infty}r^n=0$ 이다. 특히 $r>1$ 이면

$$\lim_{n\to\infty}r^n=\infty$$

이다.

예제 5.12

다음 극한이 수렴하는지 판정하고 수렴하면 극한값을 구하여라.

1. $\lim_{n\to\infty} \frac{2^n}{3^n - 1}$
2. $\lim_{n\to\infty} \frac{2^n + 6^n}{3^n + 5^n}$
3. $\lim_{n\to\infty} (2^n + 3^n)^{\frac{1}{n}}$
4. $\lim_{n\to\infty} \frac{5^n + 2^n}{(-5)^n + 3^n}$

풀이

1. $\lim_{n\to\infty} \frac{2^n}{3^n - 1} = \lim_{n\to\infty} \frac{\left(\frac{2}{3}\right)^n}{1 - \frac{1}{3^n}} = 0$ 으로 수렴한다.

2. $\lim_{n\to\infty} \frac{2^n + 6^n}{3^n + 5^n} = \lim_{n\to\infty} \frac{\left(\frac{1}{3}\right)^n + 1}{\left(\frac{1}{2}\right)^n + \left(\frac{5}{6}\right)^n} = \infty$ 이므로 발산한다.

3. $\lim_{n\to\infty} (2^n + 3^n)^{\frac{1}{n}} = \lim_{n\to\infty} \left(3^n \left(1 + \left(\frac{2}{3}\right)^n\right)\right)^{\frac{1}{n}} = \lim_{n\to\infty} 3\left(1 + \left(\frac{2}{3}\right)^n\right)^{\frac{1}{n}} = 3$ 으로 수렴 한다.

4. $\lim_{n\to\infty} \frac{5^n + 2^n}{(-5)^n + 3^n} = \lim_{n\to\infty} \frac{1 + \left(\frac{2}{5}\right)^n}{(-1)^n + \left(\frac{3}{5}\right)^n}$ 은 발산한다.

문제 5.12

다음 극한이 수렴하는지 판정하고 수렴하면 극한값을 구하여라.

1. $\lim_{n\to\infty} \frac{4^n - 3^n}{3^n + 1}$
2. $\lim_{n\to\infty} \frac{3^n + 8^n}{2^n + 9^n}$
3. $\lim_{n\to\infty} (3^n + 5^n)^{\frac{1}{2n}}$
4. $\lim_{n\to\infty} \frac{2^n + 5}{\sqrt{4^n + 2^n}}$

연습문제

1. 다음 극한을 구하여라.

(a) $\displaystyle\lim_{n\to\infty}\frac{17n^3+n^2+300}{5n^5+4n^2+8}$ (b) $\displaystyle\lim_{n\to\infty}\frac{3n^3}{(n+1)^3+(n-1)^3}$

(c) $\displaystyle\lim_{n\to\infty}\frac{\sqrt{2n^5+3n^3}}{n^2\sqrt{n+1}}$ (d) $\displaystyle\lim_{n\to\infty}\frac{1}{\sqrt{n^2+3n}-n}$

(e) $\displaystyle\lim_{n\to\infty}\frac{2^{n+1}+5}{\sqrt{3^n+4^n}}$ (f) $\displaystyle\lim_{n\to\infty}\left(\frac{5^n+6^n}{3^n+4^n}\right)^{\frac{1}{n}}$

2. 다음 극한이 수렴하는지 판정하고 수렴하면 극한을 구하여라.

(a) $\displaystyle\lim_{n\to\infty}\left(\sqrt{n^2+2n}-\sqrt{n^2-2n}\right)$ (b) $\displaystyle\lim_{n\to\infty}\frac{\cos n\pi}{n}$

(c) $\displaystyle\lim_{n\to\infty}\frac{n^2+n}{\sqrt{n^2+3n+2}}$ (d) $\displaystyle\lim_{n\to\infty}\frac{(-1)^n+n-3}{2n+3}$

(e) $\displaystyle\lim_{n\to\infty}(5^n+n^n)^{\frac{1}{n}}$ (f) $\displaystyle\lim_{n\to\infty}\frac{2^n-6^n}{3^n+5^n}$

(g) $\displaystyle\lim_{n\to\infty}\frac{(-1)^n(n+1)^3+(-1)^{n+1}(n-1)^3}{4n^3+7n-1}$

5.5 무한급수

무한급수란 직관적으로 주어진 수열의 모든 항을 더한 값을 의미한다. 그러나 실제로는 한꺼번에 무한개의 항을 더할 수 없으므로 부분합의 극한으로 정의한다. 좀더 구체적으로 말하면 주어진 수열 $\{a_n\}$ 에 대해 $S_n = \sum_{k=1}^{n} a_k$ 라 하면 $\lim_{n\to\infty}\sum_{k=1}^{n} a_k$ 를 무한급수라 하고 $\sum_{n=1}^{\infty} a_n$ 으로 나타낸다. $\lim_{n\to\infty}\sum_{k=1}^{n} a_k$ 가 수렴하면 $\sum_{n=1}^{\infty} a_n$ 은 이 극한값이고 그렇지 않으면 $\sum_{n=1}^{\infty} a_n$ 은 발산 한다고 한다. $\lim_{n\to\infty}\sum_{k=1}^{n} a_k = \infty$ 이면 $\sum_{n=1}^{\infty} a_n = \infty$ 로 나타낸다. m 이 자연수인 경우 $\lim_{n\to\infty}\sum_{k=m}^{n} a_k$ 를 무한급수라 하고 $\sum_{n=m}^{\infty} a_n$ 으로 나타낸다. a_0 가 정의되어 있는 경우 $\sum_{n=0}^{\infty} a_n$ 도 마찬가지로 정의한다.

정리 5.10 무한등비급수

$|r| < 1$ 이면 $\sum_{n=1}^{\infty} r^{n-1} = \frac{1}{1-r}$ 이고, $|r| \geq 1$ 이면 $\sum_{n=1}^{\infty} r^{n-1}$ 은 발산한다.

증명 5.6

$r \neq 1$ 이면

$$\lim_{n\to\infty}\sum_{k=1}^{n} r^{k-1} = \lim_{n\to\infty}\frac{r^n - 1}{r - 1}$$

인데 $|r| < 1$ 이면

$$\lim_{n\to\infty} r^n = 0$$

이므로

$$\lim_{n\to\infty}\frac{r^n - 1}{r - 1} = \frac{-1}{r-1} = \frac{1}{1-r}$$

이다. $r = -1$ 이거나 $|r| > 1$ 이면

$$\lim_{n\to\infty} r^n$$

은 발산 하므로 $\sum_{n=1}^{\infty} r^{n-1}$ 도 발산한다. $r = 1$ 이면

$$\lim_{n\to\infty}\sum_{k=1}^{n} r^{k-1} = \lim_{n\to\infty} n = \infty$$

이다.

예제 5.13

다음 급수의 합을 구하여라.

1. $\displaystyle\sum_{n=1}^{\infty} 3\left(\frac{1}{2}\right)^n$

2. $\displaystyle\sum_{n=1}^{\infty} \frac{3^n + 4^n}{5^n}$

풀이

1. $$\sum_{n=1}^{\infty} 3\left(\frac{1}{2}\right)^n = 3\sum_{n=1}^{\infty}\left(\frac{1}{2}\right)^{n-1} = 3\frac{\frac{1}{2}}{1-\frac{1}{2}} = 3$$

2. $$\sum_{n=1}^{\infty} \frac{3^n + 4^n}{5^n} = \sum_{n=1}^{\infty}\left(\frac{3}{5}\right)^n + \sum_{n=1}^{\infty}\left(\frac{4}{5}\right)^n = \frac{\frac{3}{5}}{1-\frac{3}{5}} + \frac{\frac{4}{5}}{1-\frac{4}{5}} = \frac{11}{2}$$

문제 5.13

다음 급수의 합을 구하여라.

1. $\displaystyle\sum_{n=1}^{\infty}\left(\frac{2}{3}\right)^{n+3}$

2. $\displaystyle\sum_{n=1}^{\infty} \frac{\sqrt{3^n}}{\sqrt{5^n}}$

예제 5.14

1. $\displaystyle\sum_{n=1}^{\infty} \frac{1}{n(n+1)}$ 을 구하여라.

2. 모든 x 에 대해 $\displaystyle\sum_{n=1}^{\infty} \frac{1}{(x^2+1)^n}$ 을 구하여라.

풀이

1. $$\sum_{n=1}^{\infty} \frac{1}{n(n+1)} = \lim_{n\to\infty}\sum_{k=1}^{n} \frac{1}{k(k+1)} = \lim_{n\to\infty} \frac{n}{n+1} = 1$$

2. $x=0$ 이면 $\dfrac{1}{x^2+1}=1$ 이므로 급수는 발산한다.

3. $x \neq 0$ 이면 $\left|\dfrac{1}{x^2+1}\right|<1$ 이므로 급수는 수렴하고

$$\sum_{n=1}^{\infty}\frac{1}{(x^2+1)^n}=\frac{1}{1-\dfrac{1}{x^2+1}}=\frac{x^2+1}{x^2}$$

문제 5.14

1. $\displaystyle\sum_{n=1}^{\infty}\frac{1}{(n+1)(n+2)}$ 을 구하여라.

2. 무한급수 $\displaystyle\sum_{n=1}^{\infty}\frac{1}{(x+1)^n}$ 이 수렴할 x 를 구하고 이 때의 급수의 합을 구하여라.

정리 5.11

$\displaystyle\sum_{n=1}^{\infty}a_n$ 이 수렴하면 $\displaystyle\lim_{n\to\infty}a_n=0$ 이다.

증명 5.7

$\displaystyle\sum_{n=1}^{\infty}a_n=L$ 일 때 $\displaystyle a_n=\sum_{k=1}^{n}a_k-\sum_{k=1}^{n-1}a_k$ 이므로

$$\begin{aligned}\lim_{n\to\infty}a_n&=\lim_{n\to\infty}\left(\sum_{k=1}^{n}a_k-\sum_{k=1}^{n-1}a_k\right)=\lim_{n\to\infty}\sum_{k=1}^{n}a_k-\lim_{n\to\infty}\sum_{k=1}^{n-1}a_k\\&=\sum_{n=1}^{\infty}a_n-\sum_{n=1}^{\infty}a_n=L-L=0.\end{aligned}$$

따름정리 5.11

$\displaystyle\lim_{n\to\infty}a_n$ 이 발산하거나 $\displaystyle\lim_{n\to\infty}a_n=L\neq 0$ 이면 $\displaystyle\sum_{n=1}^{\infty}a_n$ 은 발산한다.

예제 5.15

다음 급수들이 발산함을 보여라.

1. $\displaystyle\sum_{n=1}^{\infty} \frac{n^2}{n(5n+1)}$

2. $\displaystyle\sum_{n=1}^{\infty} \frac{(-1)^n n}{5n+1}$

풀이

1. $\displaystyle\lim_{n\to\infty} \frac{n^2}{n(5n+1)} = \frac{1}{5}$ 이므로 $\displaystyle\sum_{n=1}^{\infty} \frac{n^2}{n(5n+1)}$ 은 발산한다.

2. $\displaystyle\lim_{n\to\infty} \frac{(-1)^n n}{5n+1} = \lim_{n\to\infty} \frac{(-1)^n}{5+\frac{1}{n}}$ 은 발산하므로 $\displaystyle\sum_{n=1}^{\infty} \frac{(-1)^n n}{5n+1}$ 은 발산한다.

문제 5.15

다음 급수들이 발산함을 보여라.

1. $\displaystyle\sum_{n=1}^{\infty} \frac{2^n+6^n}{3^n+5^n}$

2. $\displaystyle\sum_{n=1}^{\infty} \left(\sqrt{n^2+n} - \sqrt{n^2-n}\right)$

연습문제

1. 다음 급수의 합을 구하여라.

(a) $\displaystyle\sum_{n=1}^{\infty} \left(\frac{2}{3}\right)^n$

(b) $\displaystyle\sum_{n=1}^{\infty} \frac{3^{n-1}+2n(n+1)}{n(n+1)3^n}$

(c) $\displaystyle\sum_{n=1}^{\infty} \frac{x}{\sqrt{(x^2+3)^n}}$

(d) $\displaystyle\sum_{n=1}^{\infty} \frac{1}{n^2+2n}$

(e) $\displaystyle\sum_{n=1}^{\infty} \left(\frac{1}{\sqrt{n+1}} - \frac{1}{\sqrt{n}}\right)$

(f) $\displaystyle\sum_{n=1}^{\infty} \frac{\cos n\pi}{3^n}$

2. 다음 급수들이 발산함을 보여라.

(a) $\displaystyle\sum_{n=1}^{\infty} \frac{n^2-1}{5n^2+3n}$

(b) $\displaystyle\sum_{n=1}^{\infty} \frac{(-1)^n n}{3n-1}$

(c) $\displaystyle\sum_{n=1}^{\infty} \cos\frac{1}{n}$

(d) $\displaystyle\sum_{n=1}^{\infty} \frac{1}{\sqrt{n+1}+\sqrt{n}}$

3. 다음 급수들이 수렴할 x 의 범위를 구하여라.

(a) $\displaystyle\sum_{n=1}^{\infty}(3x+1)^n$

(b) $\displaystyle\sum_{n=1}^{\infty}\left(x^2+x-1\right)^n$

(c) $\displaystyle\sum_{n=1}^{\infty}\left(\frac{1}{(n+1)^{x+1}}-\frac{1}{n^{x+1}}\right)$

(d) $\displaystyle\sum_{n=1}^{\infty}\frac{x^{2n}}{(x^2+1)^n}$

(e) $\displaystyle\sum_{n=1}^{\infty}2^{nx}$

4. $\displaystyle\sum_{k=1}^{2^n}\frac{1}{k} \geq \frac{n+1}{2}$ 임을 이용하여 $\displaystyle\sum_{n=1}^{\infty}\frac{1}{n}$ 이 발산함을 보여라.

제 6 장
지수함수와 로그함수

6.1 지수함수

$a > 0$ 일 때 유리수 $\dfrac{n}{m}$ 에 관해 $a^{\frac{n}{m}}$ 은 다음과 같이 a 의 m 제곱근 $\sqrt[m]{a}$ 의 n 개의 거듭제곱으로 정의하고, 이러한 형태의 수에 관해서는 1 장에서 언급한 지수법칙이 성립한다.

$$a^{\frac{n}{m}} = \underbrace{\sqrt[m]{a} \times \sqrt[m]{a} \times \cdots \times \sqrt[m]{a}}_{n\text{개}} = (\sqrt[m]{a})^n$$

한편, 지수 x 가 실수일 때 a^x 를 $x_n \to x$ 인 유리수열 x_n 에 대해 a^{x_n} 의 극한값, 즉

$$a^x = \lim_{n\to\infty} a^{x_n}\ (x_n : x_n \to x \text{ 인 유리수 })$$

으로 정의한다. 예를 들어, $\sqrt{2} \approx 1.4142$ 이므로 $5^{\sqrt{2}}$ 의 근삿값을

$$5^{\sqrt{2}} \approx 5^{1.4142} \approx 9.7383$$

이라고 설정하는 것은 타당하다.

지수가 유리수일 때와 마찬가지로 이와 같은 확장에 의해 실수의 경우에도 지수법칙이 성립한다.

정리 6.1 지수법칙

$a,\ b > 0$ 일 때, 실수 $x,\ y$ 에 대해서 다음의 지수법칙이 성립한다.

1. $a^x a^y = a^{x+y}$
2. $a^x \div a^y = a^{x-y}$
2. $(a^x)^y = a^{xy}$
4. $(ab)^x = a^x b^x$

예제 6.1

다음 식을 간단히 하여라. (단, $a>0,\ b>0$)

1. $3^{\sqrt{2}}3^{2-\sqrt{2}}$
2. $\left(2^{\sqrt{2}}\right)^{\sqrt{8}}$
3. $\left(a^{2\sqrt{2}}b^{\sqrt{3}}\right)^{\sqrt{6}}$

풀이

1. $3^{\sqrt{2}}3^{2-\sqrt{2}} = 3^{\sqrt{2}+(2-\sqrt{2})} = 3^2 = 9$
2. $\left(2^{\sqrt{2}}\right)^{\sqrt{8}} = 2^{\sqrt{2}\times\sqrt{8}} = 2^{\sqrt{16}} = 2^4 = 16$
3. $\left(a^{2\sqrt{2}}b^{\sqrt{3}}\right)^{\sqrt{6}} = \left(a^{2\sqrt{2}}\right)^{\sqrt{6}}\left(b^{\sqrt{3}}\right)^{\sqrt{6}} = a^{2\sqrt{12}}b^{\sqrt{18}} = a^{4\sqrt{3}}b^{3\sqrt{2}}$

문제 6.1

다음 식을 간단히 하여라. (단, $a>0,\ b>0$)

1. $\left(\sqrt{3^{\sqrt{2}}}\right)^{\sqrt{12}}$
2. $\left(a^{2\sqrt{18}}b^{\sqrt{3}}\right)^{\sqrt{12}}$
3. $a^{\sqrt{5}+2} \div a^{\sqrt{5}-2}$

정의 6.1 지수함수

$a>0,\ a\neq 1$ 일 때 임의의 실수 x 에 대해 정의된 함수

$$f(x) = a^x$$

를 밑이 a 인 **지수함수(exponential function)**라고 한다.

모든 실수 x 에 대해 $1^x = 1$ (상수)이므로 지수함수의 밑을 $a \neq 1$ 로 제한한다. 또 $a>0$ 일 때 모든 실수 x 에 대해 $a^x > 0$ 이므로 지수함수의 정의역은 실수 전체집합 $\mathbb{R} = (-\infty,\ \infty)$ 이고, 치역은 양의 실수의 집합 $\mathbb{R}+ = (0,\ \infty)$ 이다.

지수함수 $y=a^x$ 의 그래프에 대하여 알아보자. 이를 위해 밑이 $a>1$ 인 경우와 $0<a<1$ 인 경우로 나누어 조사한다. 먼저 $a>1$ 인 경우에는 x 가 정수일 때 다음과 같은 함숫값의 변화를 관찰하여 이를 좌표 평면에 기록함으로써 그래프를 파악할 수 있다.

$$\circ < \left(\frac{1}{a}\right)^2 = a^{-2} < \left(\frac{1}{a}\right) = a^{-1} < 1 = a^0 < a < a^2 < a^3 < \cdots$$

○ $0 < \frac{1}{a} < 1$ 이므로 $n \to \infty$ 일 때 $a^{-n} = \left(\frac{1}{a}\right)^n$ 은 0 으로 수렴한다.

○ $x > 0$ 이면 $a^x > 1$ 이다.

이와 같은 관찰을 바탕으로 $a > 1$ 일 때 지수함수 $y = a^x$ 의 그래프를 그려보면 그림 6.1과 같다.

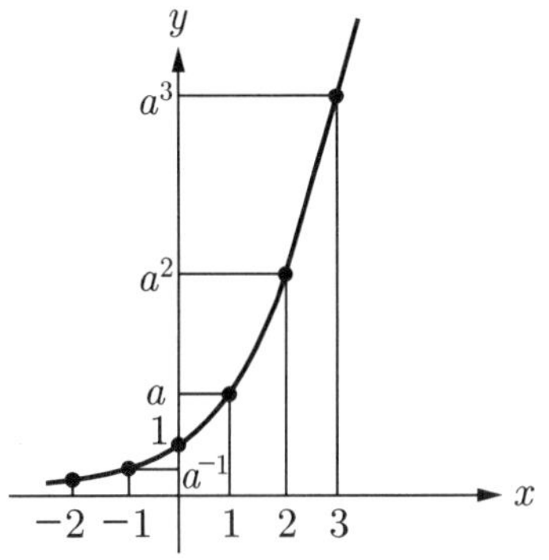

그림 6.1 $y = a^x$ $(a > 1)$의 그래프

한편, 밑이 $0 < a < 1$인 경우에는 $\frac{1}{a} > 1$임을 이용하면

$$y = a^x = \left(\frac{1}{a}\right)^{-x}$$

이다. 따라서 $y = a^x(0 < a < 1)$의 그래프는 $y = a^x(a > 1)$의 그래프를 y축에 대칭이동시킨 것이다.

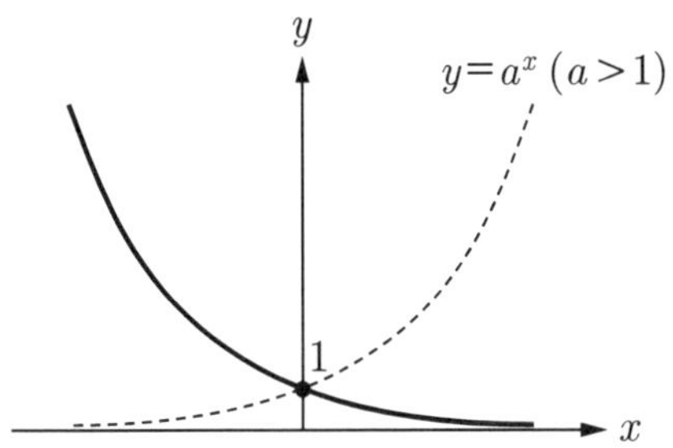

그림 6.2 $y = a^x$ $(0 < a < 1)$의 그래프

그림 6.1과 6.2에서 $x \to -\infty$ 또는 $x \to \infty$일 때, $y = a^x$의 그래프는 x축으로 가까이 접근한다. 이 때 x축을 이루는 직선 $y = 0$을 **지수함수의 점근선**이라고 한다.

예제 6.2

$f(x) = 3^x$ 의 그래프를 이용하여 다음 함수의 그래프를 그려라.

1. $g(x) = 3^{x-1}$
2. $h(x) = \frac{1}{3}^{x} - 1$

풀이

1. $g(x) = 3^{x-1} = f(x-1)$ 이므로 $g(x)$ 의 그래프는 $f(x)$ 의 그래프를 $x = 1$ 만큼 평행이동시킨 것이다.
2. $h(x) = \frac{1}{3}^{x} - 1 = 3^{-x} - 1 = f(-x) - 1$ 이므로 $h(x)$ 의 그래프는 $f(x)$ 의 그래프를 y 축에 대칭이동시킨 후 $y = -1$ 만큼 평행이동시킨 것이다.

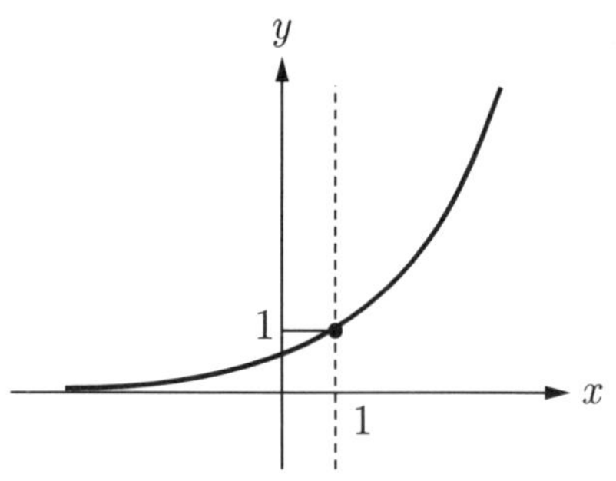

그림 6.3 $y = 3^{x-1}$

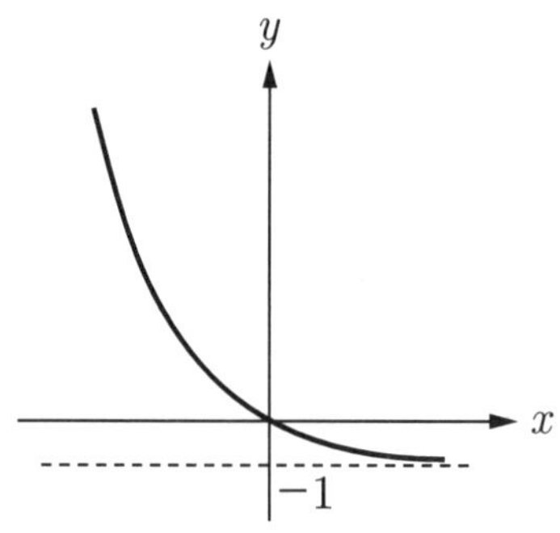

그림 6.4 $y = (\frac{1}{3})^x - 1$

문제 6.2

다음 지수함수의 그래프를 그려라.

1. $y = -\left(\frac{1}{3}\right)^x$
2. $y = 3^{1-x} + 1$
3. $y = 3^{|x-1|}$

지수함수 $y = a^x (a > 0, a \neq 1)$ 의 주요 성질을 요약하면 다음과 같다.

- 정의역 $= \mathbb{R}$, 치역 $= \mathbb{R}+$
- $a > 1$ 이면 $y = a^x$ 는 증가함수이고, $0 < a < 1$ 이면 $y = a^x$ 는 감소함수이다.
- y 절편 $= 1$ 이고 x 축을 점근선으로 갖는다.

지수함수의 성질을 이용하여 두 수의 크기를 비교해보자.

예제 6.3

다음 두 수의 크기를 비교하여라.

1. $\sqrt[3]{128},\ \sqrt{64}$

2. $\sqrt[3]{0.01},\ \sqrt{0.1}$

풀이

1. $\sqrt[3]{128} = \sqrt[3]{2^7} = 2^{\frac{7}{3}},\ \sqrt{64} = \sqrt{2^6} = 2^3,\ y = 2^x$ 는 증가함수이고, $3 > \dfrac{7}{3}$ 이므로 $2^3 > 2^{\frac{7}{3}}$ 이다. 따라서 $\sqrt{64} > \sqrt[3]{128}$ 이다.

2. $\sqrt[3]{0.01} = \sqrt[3]{(0.1)^2} = (0.1)^{\frac{2}{3}},\ \sqrt{0.1} = (0.1)^{\frac{1}{2}}\ y = (0.1)^x$ 는 감소함수이고, $\dfrac{1}{2} < \dfrac{2}{3}$ 이므로 $(0.1)^{\frac{1}{2}} > (0.1)^{\frac{2}{3}}$ 이다. 따라서 $\sqrt{0.1} > \sqrt[3]{0.01}$ 이다.

문제 6.3

다음 두 수의 크기를 비교하여라.

1. $\sqrt[3]{0.5}, \sqrt[6]{0.125}$

2. $\sqrt[3]{128}, \sqrt{32}$

방사능 물질의 붕괴나 박테리아의 증식 등 자연현상과 관련한 많은 문제들에서 파생하는 무리수 e 에 대해 알아보자. 먼저 자연수 n 의 증가에 대해 $\left(1+\dfrac{1}{n}\right)^n$ 의 변화를 살펴보면 다음과 같다.

n	$\left(1+\frac{1}{n}\right)^n$
1	2
2	2.25
10	2.59374
100	2.70481
1,000	2.71692
10,000	2.71815
100,000	2.71827

이와 같은 관찰로부터 $\left(1+\dfrac{1}{n}\right)^n$ 은 n 이 증가할 때 일정한 수로 수렴하는 것을 알 수 있다.

정의 6.2 자연지수

$n \to \infty$ 일 때 $\left(1+\frac{1}{n}\right)^n$ 의 극한값을 자연지수 e 라고 한다.
즉, **자연지수(natural exponent)**는

$$e = \lim_{n\to\infty}\left(1+\frac{1}{n}\right)^n$$

으로 정의하는 수이다.
자연지수 e 를 소수로 나타내면

$$e = 2.71828182845904523536\cdots$$

이며, 원주율 π 와 같이 순환하지 않는 무한소수로 알려져 있다.

정의 6.3 자연지수함수

밑이 e 인 지수함수

$$f(x) = e^x$$

를 **자연지수함수(natural exponential function)**라고 한다. $e > 1$ 이므로 자연지수함수 $f(x) = e^x$ 는 증가함수이다.

연습문제

1. 다음을 간단히 하여라.

(a) $\left(2^{3\sqrt{2}}4^{-\sqrt{2}}\right)^{3\sqrt{2}}$ (b) $\sqrt[3]{\sqrt{32}\sqrt[4]{256}}$

(c) $8^{\sqrt{2}+2\sqrt{3}} \div 8^{2\sqrt{2}-\sqrt{3}}$ (d) $\left(\sqrt[3]{3}+\frac{1}{\sqrt[3]{3}}\right)\left(\sqrt[3]{9}-1+\frac{1}{\sqrt[3]{9}}\right)$

2. 다음 수를 크기 순서로 배열하여라.

$$\sqrt[3]{\sqrt{64^2}}, \quad \sqrt[3]{\sqrt{\sqrt{16^4}}}, \quad \left(4^{\frac{2}{3}}\sqrt{8}\right)^{\frac{10}{17}}$$

3. $a > 0$ 이고 $a + a^{-1} = 3$ 이다. 다음 식의 값을 구하여라.

(a) $a^2 + a^{-2}$ (b) $a^3 + a^{-3}$ (c) $a > 1$ 일 때, $a - a^{-1}$

4. $y = 2^x$ 의 그래프를 이용하여 다음 함수의 그래프를 그려라.

(a) $y = 2^{-x}$

(b) $y = -2^x$

(c) $y = 2^{x-1}$

(d) $y = 1 - 2^{-x}$

(e) $y = 2^{|x|-1}$

(f) $y = 2^{|x-1|}$

5. 지수함수를 토대로 다음과 같이 정의되는 함수를 생각하자.

$$\sinh x = \frac{e^x - e^{-x}}{2}, \quad \cosh x = \frac{e^x + e^{-x}}{2}$$

이와 같이 정의되는 함수를 **쌍곡선함수(hyperbolic function)**라고 한다.

(a) $y = \sinh x$ 와 $y = \cosh x$ 의 그래프를 그려라.

(b) 항등식 $\cosh^2 x - \sinh^2 x = 1$ 이 성립함을 보여라.

6.2 로그함수

지수함수 $f(x) = a^x (a > 0, a \neq 1)$ 는 일대일이므로 역함수를 갖는다. 그 역함수 f^{-1} 를 밑이 a 인 **로그함수(logarithmic function)**라 하고 $\log_a$ 로 정의한다.

역함수 f^{-1} 는

$$f^{-1}(x) = y \Leftrightarrow x = f(y)$$

로 정의하므로 로그함수는 공식적으로 다음과 같이 정의된다.

정의 6.4 로그함수

$a > 0,\ a \neq 1$ 일 때 $\log_a$ 는

$$y = \log_a x \Leftrightarrow x = a^y$$

인 함수로 정의한다.

역함수 관계에서 f^{-1} 의 정의역은 f 의 치역이 되고 f^{-1} 의 치역은 f 의 정의역이므로 로그함수 $\log_a x$ 의 정의역은 $\mathbb{R}+ = (0,\ \infty)$ 이고, 치역은 $\mathbb{R} = (-\infty,\ \infty)$ 이다.

예제 6.4

로그의 정의를 이용하여 다음 값을 계산하여라.

1. $\log_{10} 10,000$
2. $\log_{10}(0.01)$

풀이

1. $10^4 = 10,000$ 이므로 $\log_{10} 10,000 = 4$.
2. $0.01 = \dfrac{1}{100} = 10^{-2}$ 이므로 $\log_{10} 0.01 = -2$.

문제 6.4

다음 값을 구하여라.

1. $\log_3 \left(\dfrac{1}{27}\right)$
2. $\log_4 \sqrt{2}$
3. $\log_5(0.008)$

문제 6.5

로그함수의 정의를 이용하여 x 를 구하여라.

1. $\log_{10} x = 2$
2. $\log_x 3 = \dfrac{1}{2}$
3. $\log_x 125 = 3$
4. $\log_2 \sqrt[3]{\sqrt{2}} = x$

예제 6.5

다음 로그함수의 정의역을 구하여라.

1. $f(x) = \log_3(2-x)$
2. $g(x) = \log \dfrac{x+1}{x-1}$

풀이

1. $2-x>0$ 이므로 f 의 정의역은 $(-\infty,\ 2)$ 이다.
2. $\dfrac{x+1}{x-1} > 0$ 으로부터 $(x+1)(x-1) > 0$.
   따라서 g 의 정의역은 $(-\infty,\ -1) \cup (1,\ \infty)$ 이다.

자주 쓰이는 로그의 기본성질을 묶어서 정리하자.

정리 6.2

$a > 0, a \neq 1$ 일 때 다음이 성립한다.

1. $\log_a 1 = 0$
2. $\log_a a = 1$
2. $\log_a a^x = x,\ x \in \mathbb{R}$
4. $a^{\log_a x} = x,\ x \in \mathbb{R}+$

증명 6.1

(1)과 (2)는 $a^0 = 1,\ a^1 = a$ 에 로그의 정의를 적용하여 얻는다. (3)과 (4)는 지수 와 로그함수가 각각 역함수 관계이므로 두 함수의 합성이 합성함수임을 이용하여 구할 수 있다.

$\log_a x$ 는 a^x 와 서로 역함수를 이룬다. 따라서 $y = \log_a x$ 의 그래프는 $y = a^x$ 의 그래프를 직선 $y = x$ 에 대칭이동하여 생성할 수 있다.

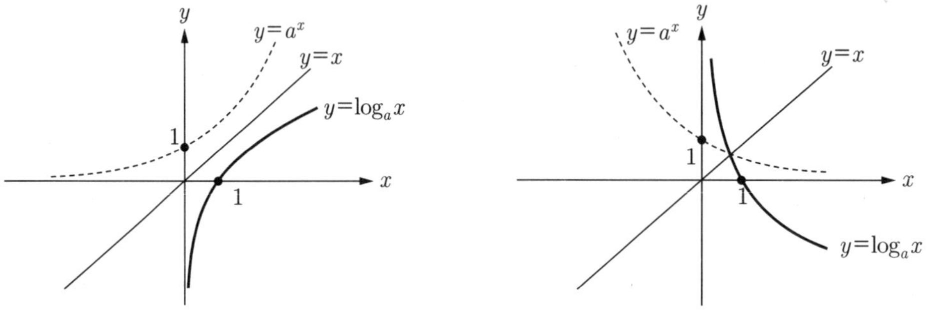

$(a > 1)$ $(a < a < 1)$

그림 6.5 $y = \log_a x$

로그함수 $y = \log_a x (a > 0, a \neq 1)$ 의 주요 성질을 요약하면 다음과 같다.

- 정의역 $= \mathbb{R}+$, 치역 $= \mathbb{R}$
- $a > 1$ 이면 $y = \log_a x$ 는 증가함수이고, $0 < a < 1$ 이면 $y = \log_a x$ 는 감소함수이다.
- x 절편 $= 1$ 이고, y 축을 점근선으로 갖는다.

예제 6.6

다음 로그함수의 그래프를 그려라.

1. $y = \log_2(-x)$
2. $y = \log_{\frac{1}{2}}(x - 1) + 1$

풀이

1. $y = \log_2(-x)$ 의 그래프를 y 축에 대칭이동시켜 구한다.
2. $y = \log_{\frac{1}{2}} x$ 의 그래프를 각각 x 축으로 1 만큼, y 축으로 1 만큼 평행이동시켜 구한다.

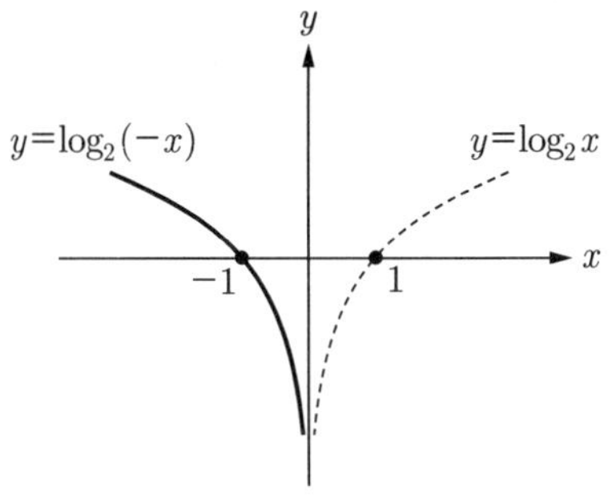

그림 6.6 $y = \log_2(-x)$

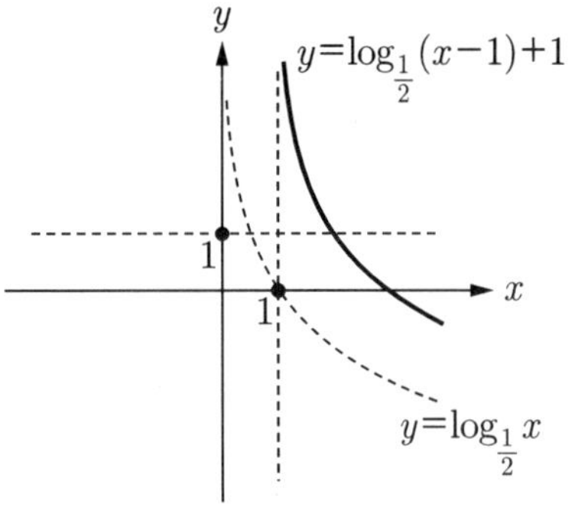

그림 6.7 $y = \log_{\frac{1}{2}}(x-1)+1$

문제 6.6

다음 함수의 정의역을 구하고 그래프를 그려라.

1. $y = \log_3(x-3)$
2. $y = \log_{\frac{1}{3}} x + 1$

정의 6.5 상용로그와 자연로그

밑이 10 인 로그를 **상용로그(common logarithm)**라 하고 log 로 나타낸다. 즉

$$\log x = \log_{10} x.$$

밑이 e 인 로그를 **자연로그(natural logarithm)**라 하고 ln 으로 나타낸다. 즉

$$\ln x = \log_e x.$$

정리 6.2에 맞추어 자연로그의 간단한 성질을 정리하면 다음과 같다.

- $\ln 1 = 0, \ln e = 1$
- $\ln(e^x) = x (x \in \mathbb{R})$
- $e^{\ln x} = x (x \in \mathbb{R}+)$

예제 6.7

다음 식을 만족하는 x 를 구하여라.

1. $e^x = 3$
2. $\ln x = 3$
3. $\ln \sqrt{e} = x$

풀이

1. $e^x = 3 \Rightarrow x = \ln 3$

2. $\ln x = 3 \Rightarrow x = e^3$

3. $x = \ln \sqrt{e} \Rightarrow x = \ln e^{\frac{1}{2}} = \frac{1}{2}$

함수 $f(x) = a^x$ 에 지수법칙을 적용하면

$$f(x_1 + x_2) = a^{x_1+x_2} = a^{x_1}a^{x_2} = f(x_1)f(x_2)$$

를 만족한다. 즉 지수함수는 변량의 합을 대응하는 함숫값의 곱으로 전환하는 성질을 가지고 있다. 한편, 로그함수는 지수함수의 역함수이므로 변량의 곱을 대응하는 함숫값의 합으로 전환하 는 성질을 가지고 있다고 유추할 수 있다. 이러한 성질을 **로그법칙(logarithmic law)** 이라고 한다.

정리 6.3 로그법칙

$x_1, x_2, x > 0$ 일 때 다음이 성립한다.

1. $\log_a(x_1x_2) = \log_a x_1 + \log_a x_2$

2. $\log_a\left(\frac{x_1}{x_2}\right) = \log_a x_1 - \log_a x_2$

3. $\log_a x^c = c\log_a x$

증명 6.2

1. $y_1 = \log_a x_1, y_2 = \log_a x_2$ 라 하면 $x_1 = a^{y_1}, x_2 = a^{y_2}$ 이다. 따라서

$$\log_a x_1x_2 = \log_a a^{y_1}a^{y_2} = \log_a a^{(y_1+y_2)} = y_1 + y_2 = \log_a x_1 + \log_a x_2$$

가 성립한다.

2. $x_1 = \frac{x_1}{x_2}x_2$ 에 (1)을 적용하면

$$\log_a x_1 = \log_a\left(\frac{x_1}{x_2}\right)x_2 = \log_a\left(\frac{x_1}{x_2}\right) + \log_a x_2$$

이다. 따라서

$$\log_a \frac{x_1}{x_2} = \log_a x_1 - \log_a x_2$$

이다.

3. $y = \log_a x$ 라 하면 $x = a^y$ 이므로

$$\log_a x^c = \log_a (a^y)^c = \log_a a^{(yc)} = yc = cy = c\log_a x$$

이다.

예제 6.8

다음 값을 간단히 하여라.

1. $\log_2 \sqrt[4]{64}$
2. $\log 4 + \log 25$
3. $\log_2 6 - \log_2 15 + \log_2 20$
4. $\ln e^3\sqrt{e}$

풀이

1. $64 = 2^6$ 이므로 $\sqrt[4]{64} = 2^{\frac{6}{4}} = 2^{\frac{3}{2}}$.
   따라서 $\log_2 \sqrt[4]{64} = \log_2 2^{\frac{3}{2}} = \dfrac{3}{2}$.
2. $\log 4 + \log 25 = \log 100 = \log_{10} 10^2 = 2$
3. $\log_2 6 - \log_2 15 + \log_2 20 = \log_2 \dfrac{6 \cdot 20}{15} = \log_2 8 = \log_2 2^3 = 3$
4. $\ln e^3\sqrt{e} = \ln e^{3+\frac{1}{2}} = \ln e^{\frac{7}{2}} = \dfrac{7}{2}$

문제 6.7

$\ln 2 = a,\ \ln 3 = b$ 일 때 다음을 $a,\ b$ 로 나타내어라.

1. $\ln 24$
2. $\ln 2.25$
3. $\ln \sqrt{6e}$

문제 6.8

로그법칙을 써서 다음을 곱이나 제곱근이 없도록 최대한 전개하여라.

1. $\log_2 6^{10}$
2. $\log_a \left(\dfrac{a^2}{b^3c^4}\right)$
3. $\ln \sqrt{e\sqrt[3]{e}}$
4. $\ln \sqrt{\dfrac{x^2-x-2}{(x+2)^3}}$

다음은 로그의 밑의 변경에 대한 관계식이다.

정리 6.4

$a>0,\ a\neq 1,\ b>0,\ b\neq 1,\ x>0$ 일 때 다음이 성립한다.

$$\log_a x = \frac{\log_b x}{\log_b a}$$

증명 6.3

$y=\log_a x$라 하면 $x=a^u$ 이므로

$$\log_b x = \log_b a^y = y\log_b a = (\log_a x)\,(\log_b a)$$

이다. 따라서

$$\log_a x = \frac{\log_b x}{\log_b a}$$

가 성립한다.

예제 6.9

다음을 간단히 하여라.

$$\log_2 3 + \log_4 6 - 2\log_{\sqrt{2}} \sqrt{3}$$

풀이

$$\log_4 6 = \frac{\log_2 6}{\log_2 4} = \frac{\log_2 2 + \log_2 3}{\log_2 2^2} = \frac{1+\log_2 3}{2} \quad \log_{\sqrt{2}} 3 = \frac{\log_2 \sqrt{3}}{\log_2 \sqrt{2}} = \frac{\frac{1}{2}\log_2 3}{\frac{1}{2}\log_2 2} = \log_2 3$$

따라서

$$\log_2 3 + \log_4 6 - 2\log_{\sqrt{2}} \sqrt{3} = \log_2 3 + \frac{1+\log_2 3}{2} - 2\log_2 3 = \frac{1-\log_2 3}{2}$$

문제 6.9

상용로그표에서 $\log 2 = 0.3010, \log 3 = 0.4771$ 이다. 이를 이용하여 다음 값을 구하여라.

1. $\log_{0.5} 6$
2. $\log_8 5$
3. $\log_9 20$

연습문제

1. 다음 지수에 관한 식은 로그를, 로그에 관한 식은 지수를 사용하여 나타내어라.

(a) $2^5 = 32$

(b) $3^x = 4.5$

(c) $a^{\sqrt{\pi}} = 9$

(d) $\log_3 81 = 4$

(e) $\log_\pi (x+1) = 2$

(f) $\ln x = e$

2. $y = \ln x$ 의 그래프를 이용하여 다음 함수의 그래프를 그려라.

(a) $y = 1 - \ln x$

(b) $y = \ln(-x)$

(c) $y = -\ln(-x)$

(d) $y = \log_{\frac{1}{e}} x$

(e) $y = \ln(x-1)$

(f) $y = \ln|x|$

3. 다음 값을 간단히 하여라.

(a) $e^{\ln e}$

(b) $\log 0.001$

(c) $\log_{\frac{1}{2}} 16$

(d) $2\log_2 \frac{1}{\sqrt{8}}$

(e) $\log_2 (\log_2 \sqrt{2})$

(f) $\log_{0.1} 10$

(g) $\log_2 \frac{4}{3} + 2\log_2 \sqrt{48}$

(h) $2\log_2 6 + \log_2 20 - \log_2 45$

4. 다음 함수의 정의역을 구하여라.

(a) $f(x) = \log(x-3)$

(b) $f(x) = \ln\left(x - x^3\right)$

(c) $f(x) = \log_2 x - \log_2(2-x)$

(d) $f(x) = \log_2\left(\log_3\left(\log_4 x\right)\right)$

5. 상용로그표에서 $\log 2 = 0.3010, \log 3 = 0.4771$ 이다. 이를 이용하여 다음 값을 구하여라.

(a) $\log_2 5$

(b) $\log_5 2$

(c) $\log_3 16$

(d) $\log_4 125$

(e) $\log_{0.5} 96$

(f) $\log_{12} 2.5$

6. 다음을 단 하나의 로그로 나타내어라.

(a) $\log_3 12 + \frac{1}{2}\log_3 7 - \log_3 2$

(b) $2\log_2\left(\frac{1}{x}\right) + 3\log_2\sqrt[3]{x^2}$

(c) $\frac{1}{2}\ln x + \frac{1}{4}\ln y + \frac{1}{8}\ln z$

(d) $x - \log\left(x^2+1\right) - \log\left(x^2+2\right)$

7. 임의의 양의 수 x 는 다음과 같은 형식으로 나타낼 수 있다.

$$x = a \times 10^n (1 \le a < 10, n = \text{ 정수 })$$

여기에 상용로그를 적용하면 양수 x 의 상용로그를

$$\log x = n + \log a (0 \le \log a < 1)$$

의 형식으로 표현할 수 있다. 이러한 사실을 이용하여 $\log 2 = 0.3010, \log 3 = 0.4771$ 일 때 다음에 답하여라.

(a) $(36)^{10}$ 은 몇 자리 정수인가?

(b) $\left(\frac{1}{36}\right)^{10}$ 은 소수점 아래 몇째 자리에서 처음으로 0 이 아닌 숫자가 나타나는가?

(c) 상용로그를 이용하여 5^{20} 과 6^{18} 의 대소 관계를 결정하여라.

6.3 지수방정식과 로그방정식

a 와 b 가 주어진 양의 수일 때 $a^x = b$ 와 같이 지수에 미지수를 포함하는 방정식을 **지수방정식 (exponential equation)**이라고 한다.

지수함수 $y = a^x (a > 0, a \neq 1)$ 는 치역이 $\mathbb{R}+$ 인 일대일 함수이다. 따라서 양의 실수 b 에 대해 방정식 $a^x = b$ 는 단 한 개의 해를 갖는다. 지수방정식 $a^x = b$ 의 해는 양변에 밑이 a 인 로그를 취해 다음과 같이 구할 수 있다.

$$x = \log_a a^x = \log_a b$$

특히 $b = a^r$ 인 경우에는 양변에서 지수의 밑을 통일시켜 $a^x = b = a^r$ 로부터 해 $x = r$ 을 쉽게 유도할 수 있다.

예제 6.10

다음 지수방정식을 풀어라.

1. $2^x = 0.125$
2. $\left(\frac{1}{3}\right)^x = 9\sqrt{3}$
3. $2^{x+2} = \frac{1}{2 \cdot 4^x}$
4. $e^{x+1} = 5$

풀이

1. 양변에 밑이 2 인 로그를 취하면
$$x = \log_2 0.125 = \log_2 \frac{1}{8} = \log_2 2^{-3} = -3.$$
2. $9\sqrt{3} = 3^2 3^{\frac{1}{2}} = 3^{\frac{5}{2}}, \left(\frac{1}{3}\right)^x = 3^{-x}$ 이므로
$$3^{-x} = 3^{\frac{5}{2}} \Rightarrow x = -\frac{5}{2}.$$
3. $\frac{1}{2 \cdot 4^x} = 2^{-1-2x}$ 이므로 $2^{x+2} = 2^{-1-2x}$ 로부터 $x + 2 = -1 - 2x$ 이다. 따라서 $x = -1$ 이다.
4. 양변에 자연로그를 취하면
$$x + 1 = \ln 5 \Rightarrow x = -1 + \ln 5.$$

문제 6.10

다음 지수방정식을 풀어라.

1. $4^x = 32$
2. $\left(\frac{1}{8}\right)^x = 2\sqrt{32}$
3. $\left(\frac{1}{\sqrt{3}}\right)^x = 9^{2-x}$
4. $4^{x+1} = 5$

다항식 형태의 지수방정식은 인수분해를 적용하여 해를 구할 수 있다.

예제 6.11

다음 지수방정식을 풀어라.

1. $4^x - 2^{x+2} + 3 = 0$
2. $x^2e^x - 3xe^x = 0$

풀이

1. $4^x = (2^x)^2, 2^{x+2} = 2^2 2^x = 4 \cdot 2^x$ 이므로 주어진 식은

$$(2^x)^2 - 4(2^x) + 3 = 0$$

이다. 이를 인수분해하면

$$(2^x - 1)(2^x - 3) = 0$$

이므로 $2^x = 1$ 또는 $2^x = 3$ 이다. 따라서 해는 $x = 0, \log_2 3$ 이다.

2. $x^2e^x - 3xe^x = \left(x^2 - 3x\right)e^x = x(x-3)e^x = 0$ 으로부터 $e^x > 0$ 이므로

$$x(x-3) = 0$$

을 얻는다. 따라서 $x = 0,\ 3$ 이다.

문제 6.11

다음 지수방정식을 풀어라.

1. $e^{2x} - 2e^x - 3 = 0$

2. $x^3e^{-x} - 2x^2e^{-x} = 0$

3. $4^x - 2^{x+1} + 1 = 0$

로그의 변수에 미지수를 포함하는 방정식을 **로그방정식 (logarithmic equation)**이라고 한다. 로그함수 $y = \log_a x(a > 0,\ a \neq 1)$ 는 정의역이 $\mathbb{R}+$ 이고 치역이 $\mathbb{R}$ 인 일대일 함수이다. 따라서 주어진 실수 b 에 대해 로그방정식 $\log_a x = b$ 는 단 한 개의 해 $x = a^b$ 를 갖는다. 로그방정식에서 식을 결합하기 위해 로그법칙을 이용한다.

예제 6.12

다음 로그방정식을 풀어라.

1. $\log_4 x = 2$
2. $\log_9(x+3) + \log_9(x-5) = 1$
3. $x^{\log_2 x} = x^2$

풀이

1. 로그의 정의에 의해서 $\log_4 x = 2 \Rightarrow x = 4^2 = 16$.
2. 로그법칙에 의해

$$\log_9(x+3) + \log_9(x-5) = \log_9(x+3)(x-5).$$

따라서 방정식은

$$\log_9(x+3)(x-5) = 1$$

이고, 이로부터

$$(x+3)(x-5) = 9$$

이다. 이를 인수분해하여 풀면

$$x = -6,\ x = 4$$

이다. 이 때 로그의 정의역이 양수이므로 $x + 3 > 0, x - 5 > 0$ 이어야 한다. 따라서 해는 $x = 4$ 이다.

3. 양변에 밑을 2 로 하는 로그를 취하면

$$(\log_2 x)^2 = 2\log_2 x$$
$$\log_2 x\,(\log_2 x - 2) = 0$$

이므로

$$\log_2 x = 0, \quad \log_2 x = 2$$

이다. 따라서 해는 $x = 1, x = 4$ 이다.

문제 6.12

다음 로그방정식을 풀어라.

1. $\log_3(x+1) = 2$
2. $\log_2 x + \log_2(x-3) = 2$
3. $2\ln x = \ln(4x-3)$

연습문제

1. 다음 지수방정식의 해를 구하여라.

(a) $9\left(3^{2x}\right) = 27^{x}$ (b) $27^{3-2x} = 9$

(c) $2^{x^2} = 8^{x}$ (d) $3^{2^x} = 2$

(e) $e^{2x-1} = 5$ (f) $4^{x} + 2^{x} - 12 = 0$

(g) $9^{x} + 3^{x+1} - 18 = 0$ (h) $e^{2x} - 2e^{x} - 3 = 0$

2. 다음 로그방정식의 해를 구하여라.

(a) $\log_3(x-1) = 2$ (b) $3\log_5 x = \log_5 27$

(c) $\log_5(x-2)^2 = 2$ (d) $\log_3(\log_4 x) = 1$

(e) $\log_3(x-1) = \log_9(3-x)$ (f) $2\log x = \log 2 + \log(3x-4)$

(g) $(\ln x)^2 - \ln x^2 = 8$ (h) $x^{\log_2 x} = 16x^2$

(i) $\log_2 x + 2\log_4 x + 3\log_8 x = 1$ (j) $\log_2(3x+2) + \log_2(2x-3) = 1 + \log_2 3$

3. 은행에 매월 초 월이율 0.5% 의 복리로 일정한 금액을 예금하면 n 개월 후에 원금과 이자 를 합한 원리합계는 원금의 $(1+0.005)^{n}$ 배가 된다. 원리합계가 원금의 2 배 이상이 되는 데 최소 몇 개월이 걸릴까? (단, $\log 1.005 = 0.00217, \log 2 = 0.30103$ 으로 계산한다.)

제 7 장
삼각함수

7.1 각도와 호도법

평면에서 각(angle)은 한 점에서 만나는 두개의 반직선으로 구성된다. 이 때 두 반직선이 만나는 점을 **각의 꼭짓점**, 각을 재는 기준이 되는 반직선 $\overrightarrow{OX}$를 **기준선**이라 하고, 나머지 반직선 $\overrightarrow{OP}$를 **동경**이라 한다. 이 때 두 반직선 $\overrightarrow{OX}$와 $\overrightarrow{OP}$가 이루는 끼인각 $\angle XOP$를 **중심각**이라고 한다.

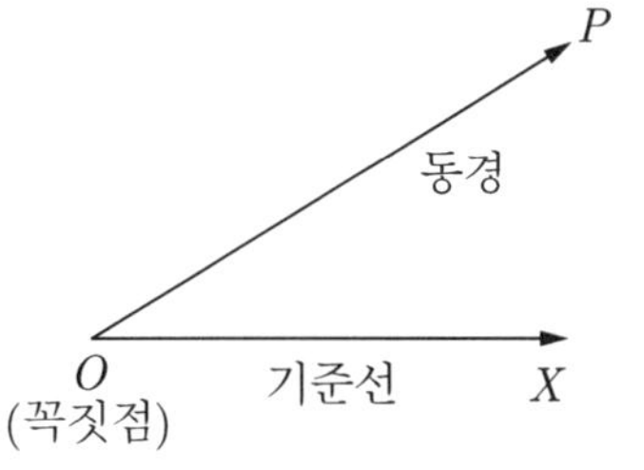

그림 7.1 각의 구성 성분

각의 측정은 꼭짓점에 대해 기준선을 동경으로 옮기는 데 필요한 회전의 정도를 나타낸다. 그림 7.2에서와 같이 기준선으로부터 동경까지 반시계 방향으로 회전한 정도를 **양의 각**이라 하고, 시계방향으로 회전한 정도를 **음의 각**이라한다. 통상 좌표평면에서는 원점을 꼭짓점으로 하고 양의 축을 기준선으로 하여 각을 측정한다.

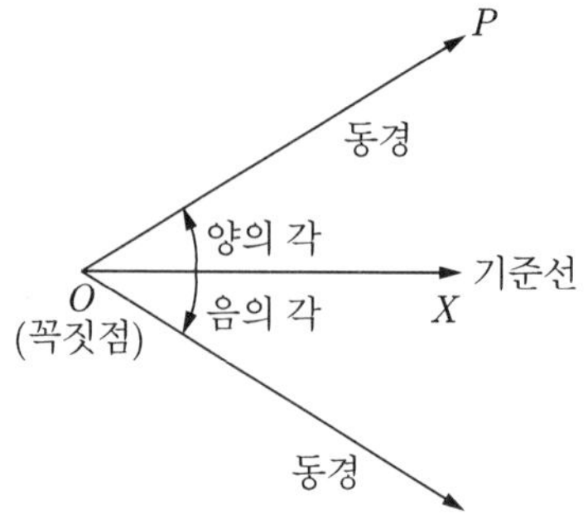

그림 7.2 양의 각과 음의 각

각의 단위로는 각도(degree)와 호도(radian)의 두 가지가 쓰인다. 각도는 °(도)를 기본단위로 하는 60분법을 사용한다.

정의 7.1 60분법

꼭짓점을 중심으로 기준선에서 동경이 반시계 방향으로 한 바퀴 회전할 때의 각의 크기를 360등분한 것을 1도라 하고 1°로 표기한다.

따라서 좌표평면에서 원점을 중심으로 반지름이 1인 원을 따라 반시계 방향으로 한바퀴 회전한 각의 크기는 360°이다. 한편, 반지름이 1인 원의 호를 따라 각을 측정하는 자연스러운 방법으로 호도법이 있다.

정의 7.2 호도법

반지름이 1인 원에서 기준선으로부터 호의 길이가 1이 되는 중심각의 크기를 1 **라디안 (radian)**이라 하고 1 rad로 표기한다.

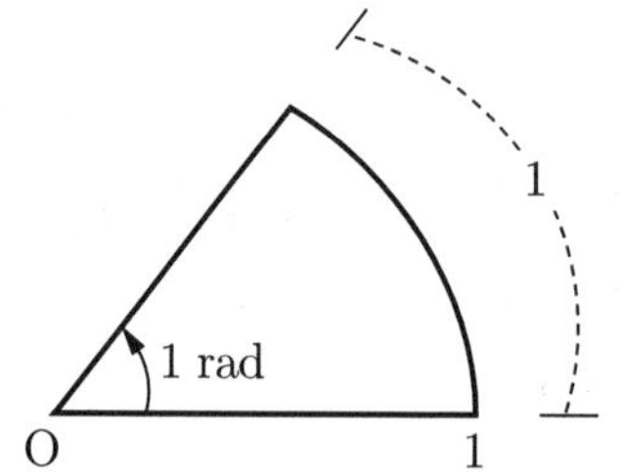

그림 7.3 라디안

호도법은 각에 대하는 호의 길이를 각의 크기로 측정하는 방법으로 호의 길이와 부채꼴의 넓이, 함수의 극한이나 미적분과 관련된 내용을 표현할 때 60분법에 비해 매우 편리하게 사용할 수 있다.

반지름이 1인 원둘레의 길이는 2π rad이다. 이 각의 크기는 60분법으로 $360°$ 이므로

$$2\pi \text{ rad} = 360°$$

인 관계식을 얻는다. 따라서 호도법과 각도 사이에는

$$1 \text{ rad} = \frac{180°}{\pi} \approx 58.1745°,\ 1° = \frac{\pi}{180} \text{ rad}$$

인 관계가 성립한다. 각을 라디안으로 표기할 때에는 통상 단위 명칭인 rad를 생략한다.

예제 7.1

다음 각에서 °는 rad로, rad는 °로 전환하여라.

1. $30°$
2. $145°$
3. $\frac{\pi}{4}$
4. 5π

풀이

1. $30° = 30 \times \frac{\pi}{180} = \frac{\pi}{6}$
2. $145° = 145 \times \frac{\pi}{180} = \frac{29}{36}\pi$
3. $\frac{\pi}{4} = \frac{\pi}{4} \times \frac{180°}{\pi} = 45°$
4. $5\pi = 5\pi \times \frac{180°}{\pi} = 900°$

문제 7.1

다음 각에서 °는 rad로, rad는 °로 전환하여라.

1. $60°$
2. $270°$
2. $\frac{\pi}{2}$
4. $\frac{5}{6}\pi$

자주 쓰이는 각을 60분법과 호도법으로 나타내면 다음과 같다.

이제 기준선 $\overrightarrow{OX}$와 동경 $\overrightarrow{OP}$에 의한 중심각 $\angle XOP$의 크기를 θ라고 할 때 동경 $\overrightarrow{OP}$의 상대적

60분법	$0°$	$30°$	$45°$	$60°$	$90°$	$120°$	$150°$	$180°$	$270°$	$360°$
호도법	0	$\frac{\pi}{6}$	$\frac{\pi}{4}$	$\frac{\pi}{3}$	$\frac{\pi}{2}$	$\frac{2}{3}\pi$	$\frac{5}{6}\pi$	π	$\frac{3}{2}\pi$	2π

위치를 생각해보자. 동경 $\overrightarrow{OP}$가 나타내는 중심각의 크기를 θ라고 하면 임의의 정수 n에 대해 $2n\pi$는 n바퀴 회전한 각을 나타내므로 각 $\alpha = \theta + 2n\pi$ ($n =$ **정수**)에 대응하는 동경도 $\overrightarrow{OP}$와 일치한다. 즉, α는 동경 $\overrightarrow{OP}$를 기준선 $\overrightarrow{OX}$에서 n바퀴 회전하고 다시 θ만큼 회전해서 얻어진 각이다. 따라서

$$\alpha = \theta + 2n\pi \ (n = \textbf{정수})$$

는 동경 $\overrightarrow{OP}$의 일반적인 위치를 나타내는 각이라 할 수 있는데, 이것을 $\angle XOP$의 **일반각**이라고 한다.

그림 7.4와 같이 평면은 좌표축에 의해 4개의 영역으로 분할된다.

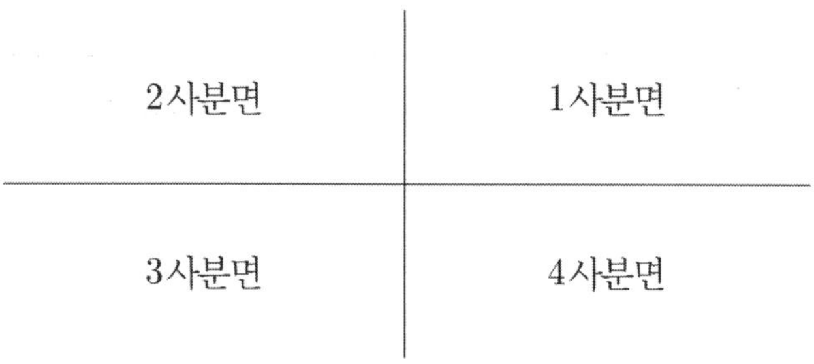

그림 7.4 라디안

일반각 $\alpha = \theta + 2n\pi$에서 $0 < \theta < \frac{\pi}{2}$이면 각에 의한 동경은 1사분면에 놓임을 알 수 있다. 이에 따라 $0 < \theta < \frac{\pi}{2}$인 각을 **1사분면의 각**이라고 한다. 마찬가지로, 각각

- $\frac{\pi}{2} < \theta < \pi$이면 **2사분면의 각,**
- $\pi < \theta < \frac{3}{2}\pi$이면 **3사분면의 각,**
- $\frac{3}{2}\pi < \theta < 2\pi$이면 **4사분면의 각,**

이라고 한다.

예제 7.2

다음 각의 동경이 놓이는 사분면을 구하여라.

1. $430°$
2. $-600°$
3. $\dfrac{19}{3}\pi$
4. $-\dfrac{4}{5}\pi$

풀이

1. $430° = 360° + 70°$ 이므로 1사분면의 각.
2. $-60° = (-2) \times 360° + 120°$ 이므로 2사분면의 각.
3. $\dfrac{19}{3}\pi = 6\pi + \dfrac{\pi}{3}$ 이므로 1사분면의 각.
4. $-\dfrac{4}{5}\pi = -2\pi + \dfrac{6}{5}\pi$ 이므로 3사분면의 각.

문제 7.2

다음 각은 몇 사분면의 각인가?

1. $-1280°$
2. $960°$
3. $\dfrac{29}{3}\pi$
4. $-\dfrac{26}{7}\pi$

호도법을 이용하여 부채꼴의 넓이와 호의 길이를 쉽게 구할 수 있다.

정리 7.1

반지름이 r 이고 중심각의 크기가 θ 인 부채꼴에서 호의 길이를 l, 부채꼴의 넓이를 S 라고 하면

$$l = r\theta$$

$$S = \frac{1}{2}r^2\theta = \frac{1}{2}rl$$

이 성립한다.

증명 7.1

호도법에서 호의 길이는 중심각의 크기에 비례한다. 반지름이 r인 원둘레의 길이는 $2\pi r$이고 이에 대한 각으 크기는 2π rad이므로, 중심각이 θ인 부채꼴의 호의 길이 l에 대해 비례관계

$$2\pi r : l = 2\pi : \theta$$

가 성립한다. 따라서 호의 길이는 $l = r\theta$이다.
또 부채꼴의 넓이도 중심각의 크기에 비례하므로

$$\pi r^2 : S = 2\pi : \theta$$

로부터 부채꼴의 넓이는

$$S = \frac{1}{2}r^2\theta = \frac{1}{2}rl$$

로 주어진다.

예제 7.3

반지름이 3인 부채꼴의 둘레의 길이가 $\pi + 6$일 때, 부채꼴의 중심각의 크기와 넓이를 구하여라.

[**풀이**] 부채꼴의 중심각의 크기가 θ이면 부채꼴의 둘레의 길이는 $3\theta+6$이므로 $3\theta+6 = \pi + 6$으로 부터 $\theta = \frac{\pi}{3}$이다. 그리고 부채꼴의 넓이는

$$S = \frac{1}{2}r^2\theta = \frac{1}{2}3^2(\frac{\pi}{3}) = \frac{3}{2}\pi$$

이다.

문제 7.3

반지름이 2인 부채꼴의 넓이가 3π이다. 부채꼴의 중심각의 크기와 호의 길이를 구하여라.

연습문제

1. 다음각에서 °는 rad로, rad는 °로 전환하여라.

   (a) $150°$ (b) $-210°$

   (c) $\frac{7}{4}\pi$ (d) $-\frac{7}{5}\pi$

   (e) $300°$ (f) $\frac{25}{12}\pi$

2. 다음은 몇 사분면의 각인가?

   (a) $1000°$ (b) $-585°$

   (c) $\frac{27}{4}\pi$ (d) $-\frac{5}{3}\pi$

3. $0 < \theta < \pi$이고 θ와 3θ의 동경이 서로 수직을 이룬다. θ의 값을 구하여라.

4. θ가 3사분면의 각일 때 $\frac{\theta}{3}$는 몇 사분면의 각인가?

5. 둘레의 길이가 30cm인 부채꼴의 넓이가 최대일 때 중심각의 크기와 반지름을 구하여라.

7.2 삼각비와 삼각함수

그림 7.5와 같이 $\angle A = \theta\ (0 < \theta < \frac{\pi}{2})$인 직사각형 ABC를 생각하자.

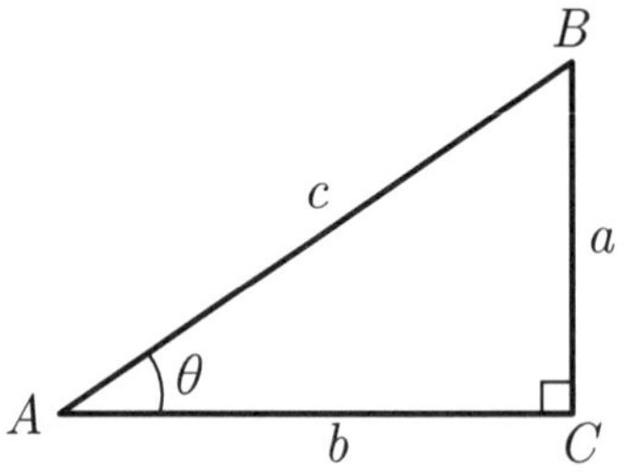

그림 7.5 직각삼각형

직각삼각형에서 다음과 같이 정의된 두 변의 비를 $\angle A$의 삼각비라고 한다.

정의 7.3 삼각비

$$\sin\theta = \frac{a}{c}(\text{사인}),\ \cos\theta = \frac{b}{c}(\text{코사인}),\ \tan\theta = \frac{a}{b}(\text{탄젠트})$$

$$\sec\theta = \frac{c}{b}(\text{세컨트}),\ \csc\theta = \frac{c}{a}(\text{코세컨트}),\ \cot\theta = \frac{b}{a}(\text{코탄젠트})$$

위 삼각비의 정의로 부터

$$\tan\theta = \frac{\sin\theta}{\cos\theta}$$

이고,

$$\sec\theta = \frac{1}{\cos\theta}, \qquad \csc\theta = \frac{1}{\sin\theta}, \qquad \cot\theta = \frac{1}{\tan\theta}$$

임을 쉽게 알 수 있다. 이와 같이 모든 삼각비는 사인과 코사인의 두 비에 의해 생성된다. 삼각비는 전통적으로 거리와 방향을 측정하기 위해 사용한 수학적 도구였다.

그림 7.5에서 $\angle B = \frac{\pi}{2} - \angle A = \frac{\pi}{2} - \theta$이므로

$$\sin(\frac{\pi}{2} - \theta) = \cos\theta, \qquad \cos(\frac{\pi}{2} - \theta) = \sin\theta, \qquad \tan(\frac{\pi}{2} - \theta) = \cot\theta$$

자주 쓰이는 특수각에 대한 삼각비를 구해보자.

먼저 $\frac{\pi}{4}$에 대한 삼각비를 구하기 위해 그림 7.6과 같은 직각이등변삼각형을 생각하면 세변의

비가 $1:1:\sqrt{2}$이므로 삼각비의 정의에 의해 다음을 얻는다.

$$\sin\frac{\pi}{4}=\frac{1}{\sqrt{2}}=\cos\frac{\pi}{4},\qquad \tan\frac{\pi}{4}=1,$$

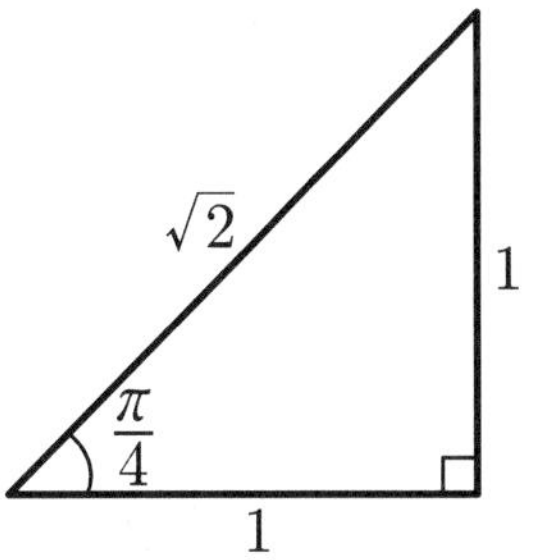

그림 7.6 직각이등변삼각형

한편, $\frac{\pi}{6}$와 $\frac{\pi}{3}$에 대한 삼각비를 구하기 위해 한 변의 길이가 2인 정삼각형 ABC에 대해 C에서 내린 수선의 발을 P라고 하면 그림 7.7에서 $\triangle ABP$가 $\frac{\pi}{3}$와 $\frac{\pi}{6}$를 내각으로 하는 직각삼각형이므로 삼각비의 정의에 의해

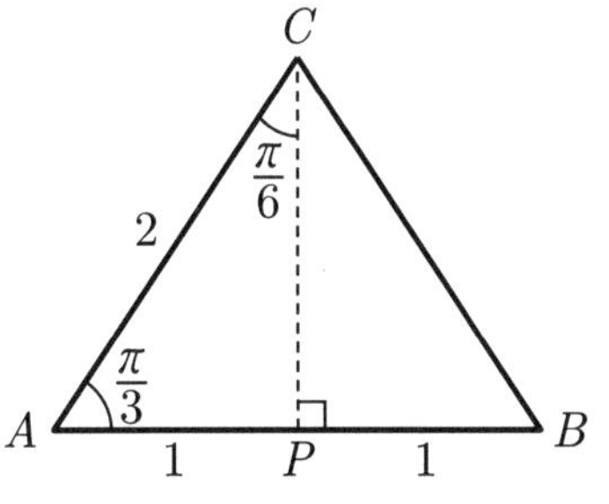

그림 7.7 30 − 60 직각삼각형

$$\sin\frac{\pi}{3}=\frac{\sqrt{3}}{2}=\cos\frac{\pi}{6},\qquad \cos\frac{\pi}{3}=\frac{1}{2}=\sin\frac{\pi}{6},$$

$$\tan\pi 6=\frac{1}{\sqrt{3}},\qquad \tan\frac{\pi}{3}=\sqrt{3}$$

을 얻는다.

따라서 특수각에 대한 삼각비를 정리하면 다음 표와 같다.

삼각비 \ 각	$0°$	$\frac{\pi}{6}$	$\frac{\pi}{4}$	$\frac{\pi}{3}$	$\frac{\pi}{2}$
$\sin\theta$	0	$\frac{1}{2}$	$\frac{1}{\sqrt{2}}$	$\frac{\sqrt{3}}{2}$	1
$\cos\theta$	1	$\frac{\sqrt{3}}{2}$	$\frac{1}{\sqrt{2}}$	$\frac{1}{2}$	0
$\tan\theta$	0	$\frac{1}{\sqrt{3}}$	1	$\sqrt{3}$	없다

위 표에서

$$\tan\frac{\pi}{2} = \cot 0 = \frac{\cos 0}{\sin 0} = \frac{1}{0}$$

이 되어 $\tan\frac{\pi}{2}$의 값은 존재하지 않는다.

예제 7.4

직각 $\triangle ABC$에서 $\angle A = \frac{\pi}{6}$, $\angle C = \frac{\pi}{2}$이고, $\overline{AB} = 10$이다. 두 변 $\overline{AB} = 10$와 $\overline{BC}$의 길이를 구하여라.

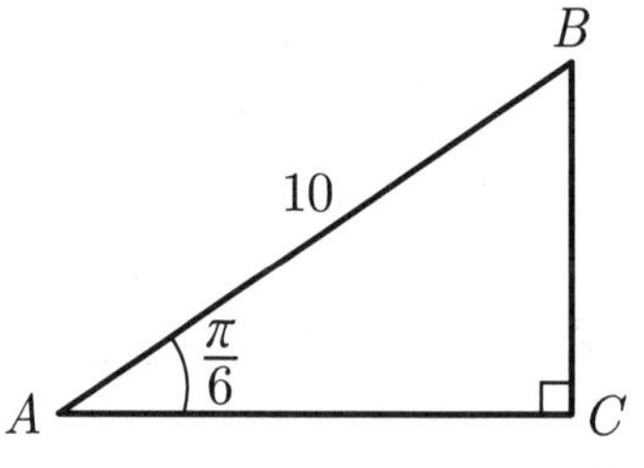

그림 7.8

[풀이] $\sin\frac{\pi}{6} = \frac{\overline{BC}}{\overline{AB}} = \frac{\overline{BC}}{10}$, $\cos\frac{\pi}{6} = \frac{\overline{AC}}{\overline{AB}} = \frac{\overline{AC}}{10}$이다. 따라서

$$\overline{AC} = 10\cos\frac{\pi}{6} = 10\frac{\sqrt{3}}{2} = 5\sqrt{3},$$

$$\overline{BC} = 10\sin\frac{\pi}{6} = 10\frac{1}{2} = 5$$

이다.

문제 7.4

아래 그림에서 $\overline{AP} = 100$이다. $\overline{AB}$, $\overline{AC}$, $\overline{BC}$의 길이를 구하여라.

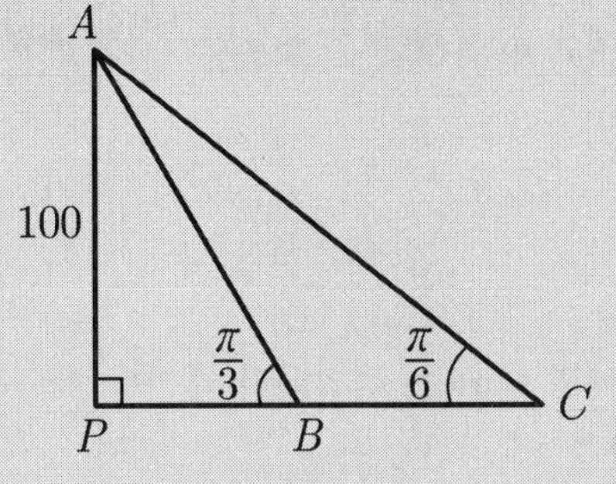

그림 7.9

예각에 대한 삼각비를 임의의 각으로 확장한 것을 **삼각함수(trigonometric function)**라고 한다.

두 닮음 삼각형의 변의 비는 서로 일치하므로 삼각함수를 정의하기 위해 반지름이 1인 단위원을 생각한다. 그림 7.10과 같이 중심각이 θ인 동경 $\overline{OP}$가 단위원과 만나는 점의 좌표를 $P(a, b)$라고 하면

$$b,\ a,\ \frac{b}{a}$$

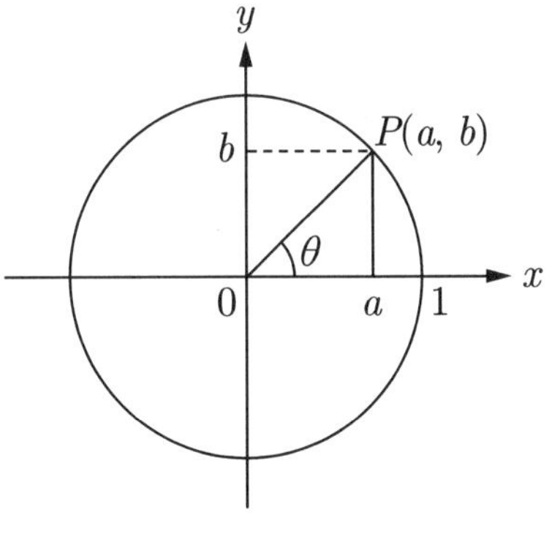

그림 7.10 삼각함수

의 값은 중심각 θ의 값에 따라 각각 하나씩 결정된다. 이에 따라 중심각 θ에 대한 함수 관계를 규정할 수 있다.

정의 7.4 삼각함수

$P(a,b)$가 중심각이 θ인 단위원 상의 점일 때, 삼각함수는

$$\cos\theta = a,\ \sin\theta = b,\ \tan\theta = \frac{b}{a}\ (a \neq 0),$$

$$\sec\theta = \frac{1}{\cos\theta},\ \csc\theta = \frac{1}{\sin\theta},\ \cot\theta = \frac{1}{\tan\theta}$$

로 정의되는 함수이다.

삼각함수의 정의에서 $a = 0$이면 $\tan\theta$는 정의되지 않는다. $a = 0$이면 P는 y축과 만나는 점이므로, 이 때 P의 중심각은

$$\theta = n\pi + \frac{\pi}{2}(n = \text{정수})$$

이다. 따라서 $\tan(n\pi + \frac{\pi}{2})$는 정의 되지 않는다. 이와 같은 원리는 $\sec\theta$, $\csc\theta$, $\cot\theta$에 대해서도 비슷하게 적용됨에 유의하여라.

예제 7.5

$\csc\theta$가 정의되지 않는 중심각을 구하여라.

[풀이] $\csc\theta = \dfrac{1}{\sin\theta} = \dfrac{1}{b}$이므로 $b = 0$일 때 $\csc\theta$는 정의되지 않는다.

$b = 0$이면 $P(a,\ b)$는 x축과 만나므로, 이 때 P의 중심각은

$$\theta = n\pi\ (n = \text{정수})$$

이다. 따라서 $\theta = n\pi\ (n = \text{정수})$일 때 $\csc\theta$는 정의되지 않는다.

문제 7.5

$\sec\theta$가 정의되지 않는 중심각을 구하여라.

문제 7.5

삼각함수의 정의로 부터 삼각함수는 동경 $\overline{OP}$가 놓이는 사분면에 따라 부호가 결정된다.

예를 들어 $\overline{OP}$의 중심각 θ가 3사분면의 각이면 $P(a,\ b)$의 부호는 $a < 0,\ b < 0$이므로

$$\cos\theta = a < 0,\ \sin\theta = b,\ \tan\theta = \frac{b}{a} > 0$$

이다.

이와같이 사분면에 따른 삼각함수의 부호를 정리하면 다음 표와 같다.

	1사분면	2사분면	3사분면	4사분면
$\cos\theta$	$+$	$-$	$-$	$+$
$\sin\theta$	$+$	$+$	$-$	$-$
$\tan\theta$	$+$	$-$	$+$	$-$

다음은 삼각함수를 대표하는 중요한 항등식이다.

정리 7.2 삼각함수의 항등식

임의의 각 θ에 대해 다음이 성립한다.

$$\cos^2\theta + \sin^2\theta = 1$$

$$1 + \tan^2\theta = \sec^2\theta$$

$$1 + \cot^2\theta = \csc^2\theta$$

증명 7.2

$P(a,\ b)$가 단위원 상의 점이고, θ가 동경 $\overrightarrow{OP}$의 중심각이므로

$$\cos^2\theta + \sin^2\theta = a^2 + b^2 = 1$$

이 성립한다. 또 이 식의 양변을 $\cos^2\theta$로 나누면

$$1 + \left(\frac{\sin\theta}{\cos\theta}\right)^2 = \frac{1}{\cos^2\theta}$$

이므로

$$1 + \tan^2\theta = \sec^2\theta$$

가 얻어지고, 위 식의 양변을 $\sin^2\theta$로 나누면

$$1 + \cot^2\theta = \csc^2\theta$$

가 얻어진다.

예제 7.6

θ가 2사분면의 각이고 $\sin\theta = \frac{3}{5}$일 때 $\cos\theta$와 $\tan\theta$의 값을 구하여라.

[**풀이**] θ가 2사분면 각 이므로 $\cos\theta < 0$이다.
따라서 $\cos^2\theta + \sin^2\theta = 1$로 부터

$$\cos\theta = -\sqrt{1-\sin^2\theta} = -\sqrt{1-\left(\frac{3}{5}\right)^2} = -\sqrt{\frac{16}{25}} = -\frac{4}{5}$$

이다. 또

$$\tan\theta = \frac{sin\theta}{\cos\theta} = -\frac{3}{4}$$

이다.

문제 7.6

θ가 3사분면의 각이고 $\tan\theta = 5$일 때 $\cos\theta$와 $\sin\theta$를 구하여라.

문제 7.6
이제 삼각함수의 주기성에 대해서 알아보자.

정의 7.5 주기함수

함수 f가 모든 x에 대하여

$$f(x+T) = f(x)$$

를 만족하는 양수 T가 존재하면 **주기함수(periodic function)**라 하고, 이 때 이를 만족하는 최소의 양수 T를 f의 **주기(period)**라고 한다.

정리 7.3

임의의 각 θ에 대해 다음이 성립한다.

$$\sin(\theta + 2\pi) = \sin(\theta)$$

$$\cos(\theta + 2\pi) = \cos(\theta)$$

$$\tan(\theta + \pi) = \tan(\theta)$$

증명 7.3

중심각이 θ인 단위원 상의 점 P의 좌표를 $(a,\ b)$라고 하면 $\theta + 2\pi$는 θ와 같은 동경을 나타내므로

$$\cos(\theta + 2\pi) = a = \cos\theta,$$

$$\sin(\theta + 2\pi) = b = \sin\theta$$

이다. 한편 $\theta + \pi$가 나타내는 단위원 상의 점의 좌표는 $(-a,\ -b)$이므로

$$\tan(\theta + \pi) = \frac{-b}{-a} = \frac{b}{a} = \tan\theta$$

이다.

삼각함수의 정의와 정리 7.4로부터 $\cos\theta$와 $\sin\theta$, $\sec\theta$와 $\csc\theta$는 주기가 2π인 주기함수이고, $\tan\theta$와 $\cot\theta$는 주기가 π인 주기함수임을 알 수 있다. 정리 7.4를 확장하면 임의의 정수 n에 대해

$$\sin(\theta + 2n\pi) = \sin\theta,$$

$$\cos(\theta + 2n\pi) = \cos\theta,$$

$$\tan(\theta + n\pi) = \tan\theta$$

가 성립한다.

예제 7.7

다음 삼각함수의 값을 구하여라.

1. $\sin 750^\circ$
2. $\cos\frac{25}{3}\pi$
3. $\tan(-135^\circ)$

풀이

1. $\sin 750^\circ = \sin(2 \times 360^\circ + 30^\circ) = \sin 30^\circ = \sin\frac{\pi}{6} = \frac{1}{2}$

2. $\cos\frac{25}{3}\pi = \cos(2\times 2\pi + \frac{\pi}{6}) = \cos\frac{\pi}{6} = \frac{\sqrt{3}}{2}$

3. $\tan(-135°) = \tan(-180° + 45°) = \tan 45° = \tan\frac{\pi}{4} = 1$

문제 7.7

다음 값을 구하여라.

$$\sin(780°)\tan(-510°) + \cos(-960°)\cot(585°)$$

중심각의 기본 회전에 따른 삼각함수의 주요성질을 알아보자.

정리 7.4

임의의 각 θ에 대해 다음이 성립한다.

$$\cos(-\theta) = \cos(\theta)$$

$$\sin(-\theta) = -\sin(\theta)$$

$$\tan(-\theta) = -\tan(\theta)$$

증명 7.4

그림 7.11과 같이 중심각 θ에 대한 단위원 상의 점 P의 좌표를 $(a,\ b)$라고 하면, $-\theta$에 대한 단위원 상의 점 P'은 x축에 대해 P와 대칭을 이루므로 P'의 좌표는 $(a,\ -b)$이다. 따라서

$$\cos(-\theta) = a = \cos(\theta)$$

$$\sin(-\theta) = -b = -\sin(\theta)$$

$$\tan(-\theta) = \frac{-b}{a} = -\tan(\theta)$$

이다.

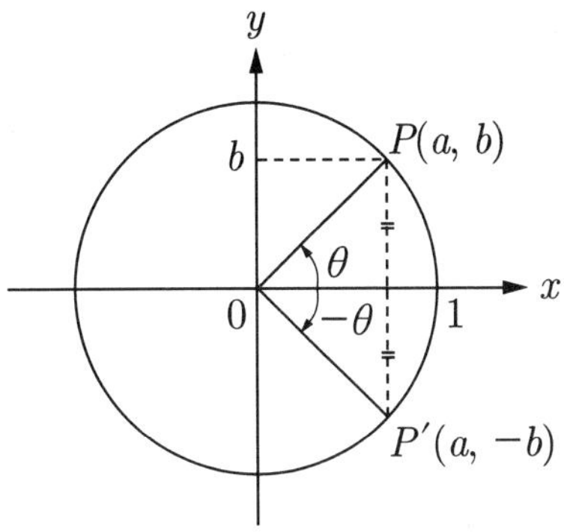

그림 7.11 θ와 $-\theta$

정리 7.5

임의의 각 θ에 대해 다음이 성립한다.

$$\cos(\pi+\theta) = -\cos\theta$$

$$\sin(\pi+\theta) = -\sin\theta$$

$$\tan(\pi+\theta) = \tan\theta$$

$$\cos(\frac{\pi}{2}+\theta) = -\sin\theta$$

$$\sin(\frac{\pi}{2}+\theta) = \cos\theta$$

$$\tan(\frac{\pi}{2}+\theta) = -\cot\theta$$

증명 7.5

중심각 θ에 대한 단위원 상의 점을 $P(a,\ b)$라고 하자. P를 π만큼 회전한 점을 P_1이라고 하면 P_1의 중심각은 $\pi+\theta$이고, 그림 7.12와 같이 P_1이 원점에 대해 P와 대칭이므로

P_1 의 좌표는 $(-a,\ -b)$ 이다. 따라서

$$\cos(\pi+\theta) = -a = -\cos\theta,$$

$$\sin(\pi+\theta) = -b = -\sin\theta,$$

$$\tan(\pi+\theta) = \frac{-b}{-a} = \frac{b}{a} = \tan\theta$$

이다. 한편 P 를 $\frac{\pi}{2}$ 만큼 회전한 점을 P_2 라고 하면 P_2 의 중심각은 $\frac{\pi}{2}+\theta$ 이고, 그림 7.13과 같이 음영처리된 두 삼각형은 합동이므로 P_2 의 좌표는 $(-b,\ a)$ 이다. 따라서

$$\cos(\frac{\pi}{2}+\theta) = -b = -\sin\theta,$$

$$\sin(\frac{\pi}{2}+\theta) = a = \cos\theta,$$

$$\tan(\frac{\pi}{2}+\theta) = \frac{a}{-b} = -\frac{a}{b} = -\cot\theta$$

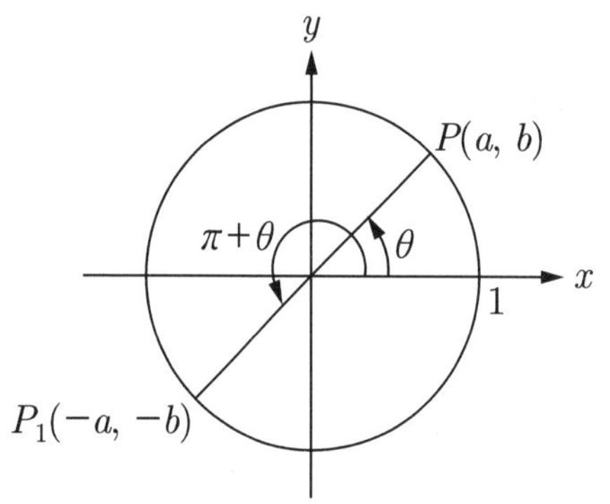

그림 7.12 θ 와 $\pi+\theta$

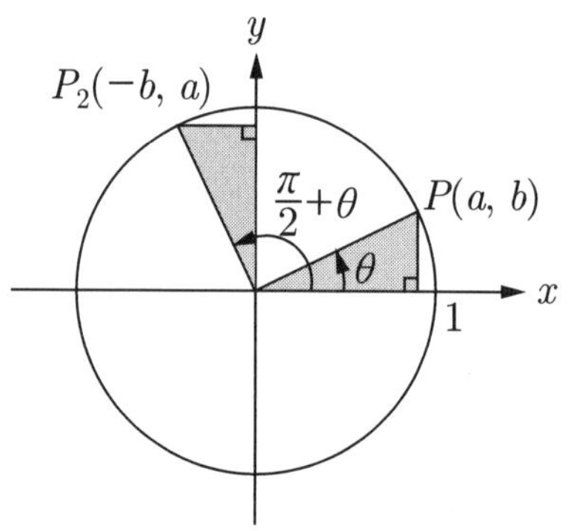

그림 7.13 θ 와 $\frac{\pi}{2}+\theta$

가 성립한다.

정리 7.6과 정리 7.5에 의해 θ 가 임의의각일 때

$$\cos(\frac{\pi}{2}-\theta) = -\sin(-\theta) = \sin\theta,$$

$$\sin(\frac{\pi}{2}-\theta) = \cos(-\theta) = \cos\theta,$$

$$\tan(\frac{\pi}{2}-\theta) = -\cot(-\theta) = \cot\theta$$

가 성립한다. 이것은 삼각비로부터 유도된 정리 7.2를 확장한 결과를 낳는다.

예제 7.8

다음 삼각함수의 값을 구하여라.

1. $\sin(-\frac{3}{4}\pi)$ 2. $\cos\frac{4}{3}\pi$ 3. $\tan\frac{2}{3}\pi$

풀이

1. $\sin(-\frac{3}{4}\pi) = -\sin\frac{3}{4}\pi = -\sin(\frac{\pi}{2}+\frac{\pi}{4}) = -\cos\frac{\pi}{4} = -\frac{1}{\sqrt{2}}$
2. $\cos(\frac{4}{3}\pi) = \cos(\pi+\frac{\pi}{3}) = -\cos\frac{\pi}{3} = -\frac{1}{2}$
3. $\tan(\frac{2}{3}\pi) = \tan(\frac{\pi}{2}+\frac{\pi}{6}) = -\cot\frac{\pi}{6} = -\sqrt{3}$ 또는
   $\tan(\frac{2}{3}\pi) = \tan(\pi-\frac{\pi}{3}) = \tan(-\frac{\pi}{3}) = -\tan(\frac{\pi}{3}) = -\sqrt{3}$

문제 7.8

다음 삼각함수의 값을 구하여라.

1. $\cos\frac{5}{6}\pi$ 2. $\tan\frac{3}{4}\pi$ 3. $\sec(-\frac{3}{4}\pi)$

연습문제

1. A지점에서 산꼬대기를 올려다본 각의 크기가 $30°$이고, A지점에서 산 쪽으로 100m 걸어간 지점에서 산꼭대기를 올려다본 각의 크기는 $45°$이다. 산의 높이는 얼마인가?

2. 아래 그림과 같은 삼각형 ABC에서 $\overline{AB}=4, \overline{BC}=6$이고, $\angle A = 60°$이 때 $\overline{AC}$를 구하여라.

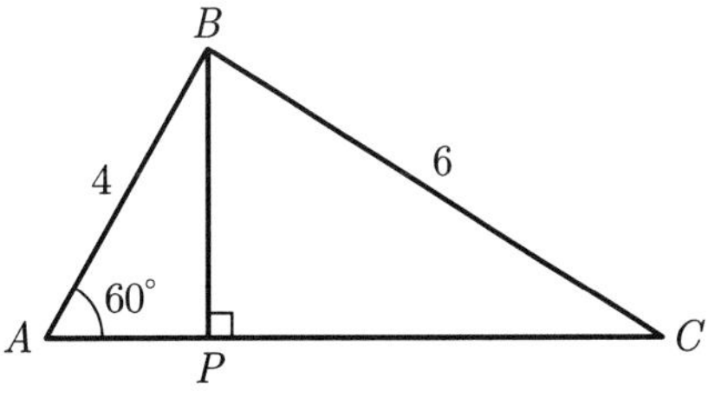

그림 7.14

3. 다음 좌표평면의 점 $P(a, b)$의 중심각을 θ라고 할 때 각각 $\sin\theta$, $\cos\theta$, $\tan\theta$를 구하여라.

(a) $(3, 4)$ (b) $(2, -3)$ (c) $(-4, -3)$

4. 다음 삼각함수의 값을 구하여라.

(a) $\cos\theta = \frac{1}{3}$, $\tan\theta < 0$일 때 $\sin\theta$와 $\tan\theta$.

(b) $\tan\theta = -3$, $\csc\theta > 0$일 때 $\sin\theta$와 $\cos\theta$.

5. 다음 삼각함수의 값을 구하여라.

(a) $\sin 225°$ (b) $\sec 300°$

(c) $\tan 750°$ (d) $\cos(-\frac{7}{3}\pi)$

(e) $\csc \frac{7}{4}\pi$ (f) $\cot \frac{7}{6}\pi$

6. $\sin\theta + \cos\theta = \frac{2}{3}$일 때 $\tan\theta + \cot\theta$, $\sin^3\theta + \cos^3\theta$의 값을 구하여라.

7. 다음 식을 간단히 하여라.

(a) $\dfrac{1+\sin\theta}{\cos\theta} + \dfrac{\cos\theta}{1+\sin\theta}$

(b) $(\csc^4\theta - 1)\tan^2\theta - \csc^2\theta$

(c) $\cos\theta + \cos(\frac{\pi}{2} + \theta) + \cos(\pi + \theta) + \cos(\frac{3}{2}\pi + \theta)$

8. 사변형의 두 대각선의 길이가 a, b이고 교각이 θ일 때 사변형의 넓이는 $S = \frac{1}{2}ab\sin\theta$로 주어짐을 보여라.

9. $2x^2 + 3x + k = 0$의 두 근이 $\cos\theta$, $\sin\theta$이다. 상수 k는 얼마인가?

7.3 삼각함수의 그래프와 성질

삼각함수의 얼개를 이루는 사인, 코사인, 탄젠트 함수의 그래프를 조사하고 주요 성질에 대해 알아보자.

중심각이 x인 단위원 상의 점을 P라고 하면 그림 7.15에서

$$\sin x = \overline{AP}$$

이므로 $\sin x$의 값은 점 P의 y좌표에 의해 정해진다. 이 때 P가 단위원 상을 움직이므로 x의 변화에 따른 $\sin x$의 값은 $-1 \leq \sin x \leq 1$이다.

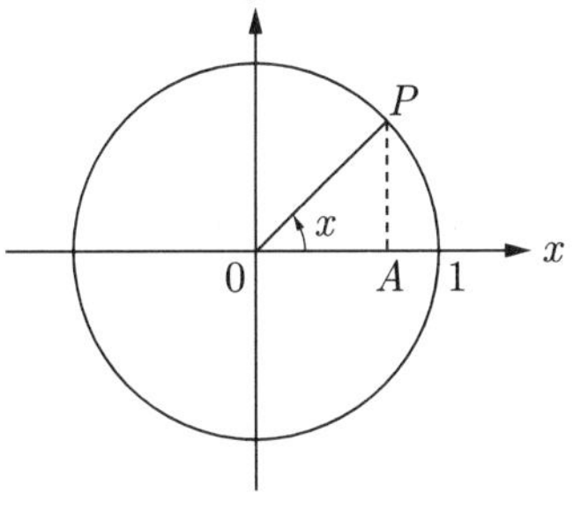

그림 7.15 $\sin x = \overline{AP}$

함수 $y = \sin x$의 크래프는 그림 7.16과 같이 중심각이 x이고 대응하는 단위원 상의 점의 높이가 y일 때 점 $(x,\ y)$를 x를 가로축, y를 세로축으로 하는 좌표평면에 그려 나타낸다. 이 때,

$$\sin(x + 2\pi) = \sin x,\ \sin(-x) = \sin x$$

이므로 $y = \sin x$의 그래프는 2π를 주기로 반복되며, y축에 대해 대칭이다.

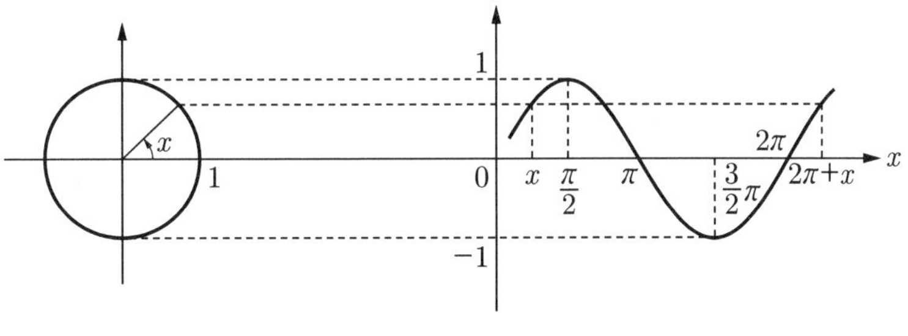

그림 7.16 $y = \sin x$의 그래프

함수 $y = \sin x$의 주요 성질을 정리하면 다음과 같다.

◦ 정의역$=\mathbb{R}$이고, 치역$=[-1, 1]$이다. 즉 $-1 \le \sin x \le 1$이다.

◦ 주기$=2\pi$인 주기함수이다.

◦ 그래프는 원점에 대해 대칭이다.

한편, 그림 7.15에서 $\cos x = \overline{OA}$로서 $\cos x$는 중심각 x에 대한 점 P의 폭으로 나타낸다. 따라서 $y = \cos x$의 그래프를 그리기 위해서 이를 높이로 전환하는 것이 필요하다. 이를 위해

$$\cos x = \sin(x + \frac{\pi}{2})$$

임을 이용한다. 그림 7.17과 같이 중심각이 x인 단위원 상의 점 P를 $\frac{\pi}{2}$만큼 회전한 점 P'의 높이를 y로 하여 좌표점 $(x,\ y)$를 좌표편면에 나타내면 $y = \cos x$의 그래프가 얻어진다.

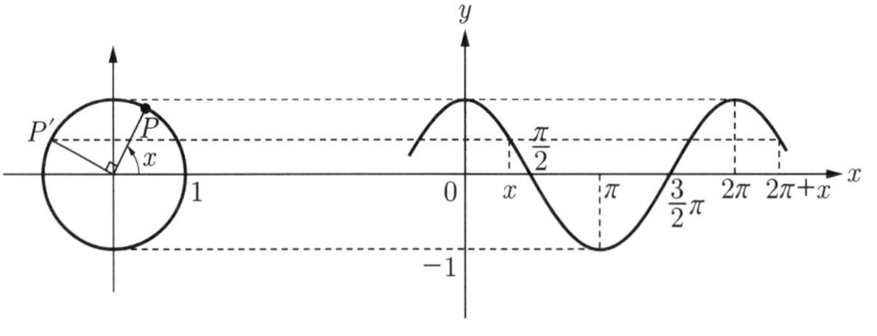

그림 7.17 $y = \cos x$의 그래프

또는 $y = \cos x$의 그래프는 $y = \sin x$의 그래프를 x축으로 $-\frac{\pi}{2}$만큼 평행이동시켜 구할 수 있다. $\cos(-x) = \cos x$이므로 그래프는 y축에 대해 대칭을 이룬다.

함수 $y = \cos x$의 주요성질을 정리하면 다음과 같다.

◦ 정의역$=\mathbb{R}$이고, 치역$=[-1, 1]$이다.

◦ 주기$=2\pi$인 주기함수이다.

◦ 그래프는 y축에 대해 대칭이다.

그림 7.18과 같이 중심각이 x인 동경이 점 $B(1,0)$에서 단위원의 접선과 만나는 점을 T라고 하면

$$\tan x = \frac{b}{a} = \frac{\overline{AP}}{\overline{OA}} = \frac{\overline{BT}}{\overline{OB}} = \overline{BT}.$$

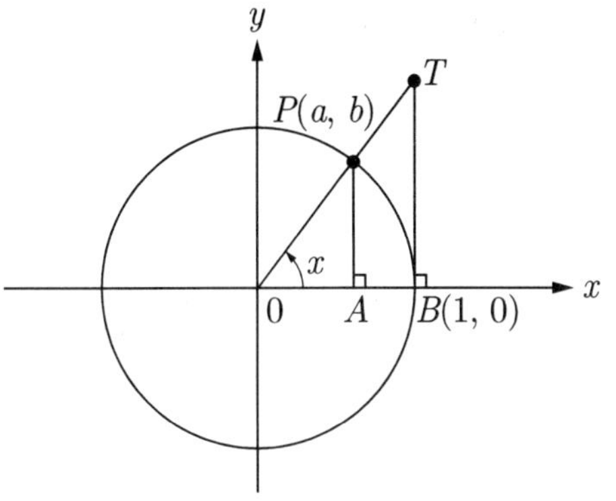

그림 7.18 $\tan x = \overline{BT}$

따라서 그림 7.19와 같이 중심각 x의 변화에 따른 $\overline{BT}$의 길이의 변화를 반영하여 $y = \tan x$의 그래프를 그릴 수 있다.

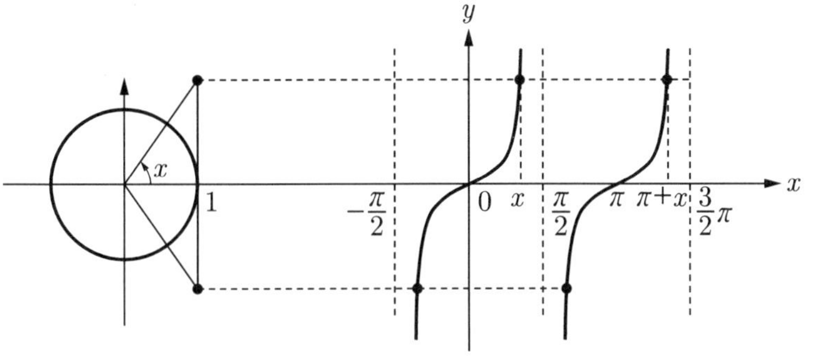

그림 7.19 $y = \tan x$의 그래프

여기서

$$\tan(x+\pi) = \tan x,\ \tan(-x) = -\tan x$$

이므로 $y = \tan x$는 주기가 π인 주기함수이고, 그래프는 원점에 대해 대칭이다. 또 $x = n\pi + \frac{\pi}{2}(n = \text{정수})$일 때, x에 대응하는 단위원 상의 점 P의 폭이 0이므로 $\tan x$는 정의 되지 않으며, 직선

$$x = n\pi + \frac{\pi}{2}\ (n = \text{정수})$$

는 모두 $y = \tan x$의 그래프의 점근선을 이룬다.

함수 $y = \tan x$의 주요 성질을 요약하면 다음과 같다.

- 정의역$=\mathbb{R} - \{n\pi + \frac{\pi}{2} | n = \text{정수}\}$이고, 치역$=\mathbb{R}$이다.

- 직선 $x = n\pi + \dfrac{\pi}{2}$ ($n =$ 정수)는 점근선이다.
- 주기$=\pi$인 주기함수이다.
- 그래프는 원점에 대해 대칭이다.

예제 7.9

다음 함수의 주기를 구하고 그 그래프를 그려라.

1. $y = 2\sin x$
2. $y = \sin 2x$
3. $y = \tan\dfrac{1}{2}x$

풀이

1. $y = 2\sin(x)$는 $y = \sin x$의 그래프를 y축 방향으로 2배 확대한 것이다. 주기는 2π이고 그래프는 그림 7.20과 같다.
2. $\sin 2x = \sin(2x + 2\pi) = \sin 2(x + \pi)$이므로 $y = \sin 2x$의 그래프에서 x좌표를 절반으로 줄인 것이다.
3. $\tan\dfrac{1}{2}x = \tan(\dfrac{1}{2}x + \pi) = \tan\dfrac{1}{2}(x + 2\pi)$이므로 $y = \tan\dfrac{1}{2}x$의 주기는 2π이고, 그래프는 그림 7.22와 같이 $y = \tan x$의 그래프에서 x좌표를 2배로 늘린 것이다.

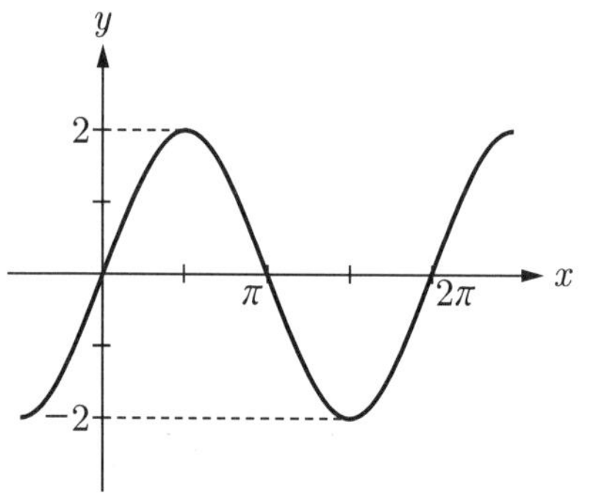

그림 7.20 $y = 2\sin x$의 그래프

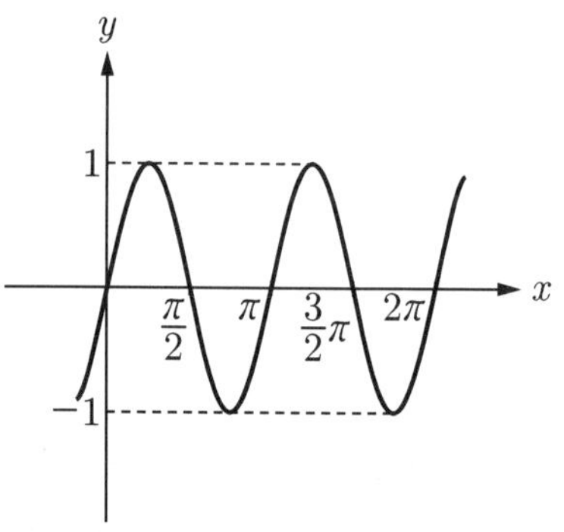

그림 7.21 $y = \sin 2x$의 그래프

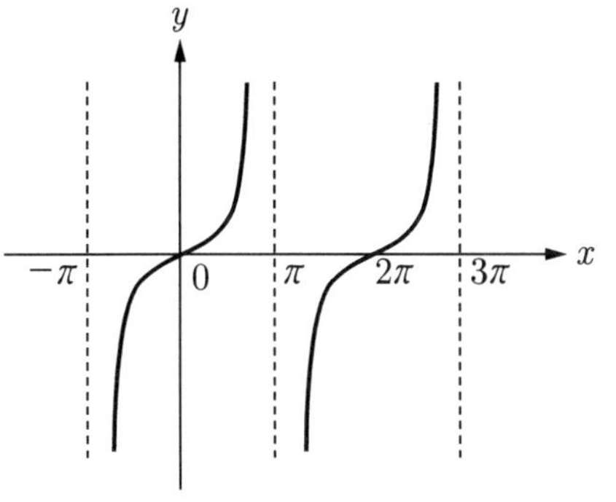

그림 7.22 $y = \tan\frac{1}{2}x$의 그래프

문제 7.9

다음 함수의 주기를 구하고 그 그래프를 그려라.

1. $y = \cos 3x$
2. $y = 3\cos(x - \frac{\pi}{4})$
3. $y = 2\sin x + 1$
4. $y = \tan 2x$

연습문제

1. 다음 삼각함수의 그래프를 그려라.

   (a) $y = -\frac{1}{2}\sin x$

   (b) $y = -2 + \cos 2\pi x$

   (c) $y = 2\sin(\frac{2}{3}x - \frac{\pi}{3})$

   (d) $y = |\sin x|$

   (e) $y = \sin|x|$

   (f) $y = \tan(x - \frac{\pi}{4}) + 2$

2. 함수 $y = a\sin\omega x + b$의 주기와 최댓값, 최솟값을 구하여라.

3. $\sec x = \frac{1}{\cos x}$, $\csc x = \frac{1}{\sin x}$, $\cot x = \frac{1}{\tan x}$임을 이용하여

$$y = \sec x,\ y = \csc x,\ y = \cot x$$

   의 그래프를 그려라.

7.4 중요 공식

실용적인 목적에서 자주 쓰이는 삼각함수의 주요 공식을 알아보자. 제일 중요한 것은 각에 대한 다음 덧셈정리이며, 이 정리를 이용하여 다른 공식을 유도할 수 있다.

정리 7.6 삼각함수의 덧셈정리

$$\cos(x+y) = \cos x \cos y - \sin x \sin y$$
$$\sin(x+y) = \sin x \cos y + \cos x \sin y$$
$$\tan(x+y) = \frac{\tan x + \tan y}{1 - \tan x \tan y}$$

증명 7.6

그림 7.23과 같이 중심각이 x, $x+y$, $-y$ 인 단위원 상의 점을 각각 P, Q, R 이라고 하면 대응하는 좌표는

$$P(\cos x,\ \sin x),\ Q(\cos(x+y),\ \sin(x+y)),\ R(\cos y,\ -\sin y)$$

이다.

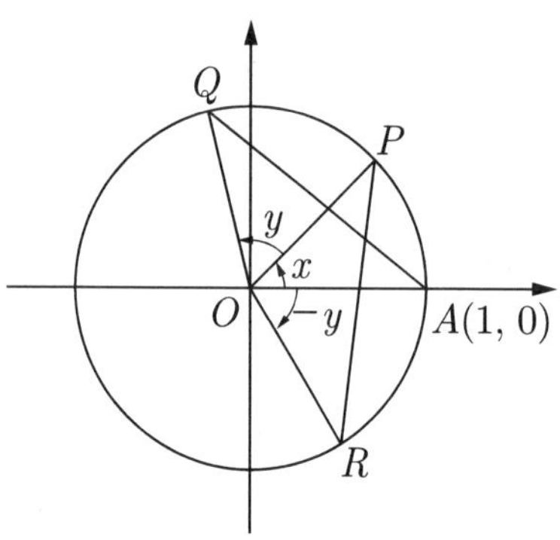

그림 7.23

이 때, 점 $(1,\ 0)$ 을 A 라고 하면 $\angle AOQ = \angle POR$ 로서 현 $\widehat{AQ}$ 의 길이와 현 $\widehat{PR}$ 의 길이가 같으므로

$$\overline{AQ} = \overline{PR}$$

이다. 따라서 $\overline{AQ}^2 = \overline{PR}^2$ 으로부터

$$(\cos(x+y)-1)^2 + (\sin(x+y))^2 = (\cos x - \cos y)^2 + (\sin x + \sin y)^2$$

이고, 이 식을 정리하면

$$2 - 2\cos(x+y) = 2 - 2\cos x \cos y + 2\sin x \sin y$$

이므로

$$\cos(x+y) = \cos x \cos y - \sin x \sin y$$

이다. 한편, $\cos\left(\frac{\pi}{2}+x\right) = -\sin x$ 이고 $\sin\left(\frac{\pi}{2}+x\right) = \cos x$ 이므로

$$\begin{aligned}\sin(x+y) &= -\cos\left(\frac{\pi}{2}+x+y\right)\\ &= -\cos\left(\frac{\pi}{2}+x\right)\cos y + \sin\left(\frac{\pi}{2}+x\right)\sin y\\ &= \sin x \cos y + \cos x \sin y\end{aligned}$$

가 얻어진다. 마지막으로,

$$\tan(x+y) = \frac{\sin(x+y)}{\cos(x+y)} = \frac{\sin x \cos y + \cos x \sin y}{\cos x \cos y - \sin x \sin y}$$

이므로 분모, 분자를 $\cos x \cos y$ 로 나누어

$$\tan(x+y) = \frac{\tan x + \tan y}{1 - \tan x \tan y}$$

를 얻는다.

다음 뺄셈정리는 덧셈정리에서 y 를 $-y$ 로 치환한 결과이다.

보조정리 7.6 삼각함수의 뺄셈정리

$$\begin{aligned}\cos(x-y) &= \cos x \cos y + \sin x \sin y\\ \sin(x-y) &= \sin x \cos y - \cos x \sin y\\ \tan(x-y) &= \frac{\tan x - \tan y}{1 + \tan x \tan y}\end{aligned}$$

덧셈정리와 뺄셈정리를 써서 특수각의 합과 차로부터 유도되는 다양한 각에 대한 삼각함수의 값을 구할 수 있다.

예제 7.10

다음 삼각함수의 값을 구하여라.

1. $\cos\frac{7}{12}\pi$
2. $\tan 15°$

풀이

1. $\cos\frac{7}{12}\pi = \cos\left(\frac{\pi}{3}+\frac{\pi}{4}\right)$

$$\begin{aligned}\cos\frac{7}{12}\pi &= \cos\frac{\pi}{3}\cos\frac{\pi}{4} - \sin\frac{\pi}{3}\sin\frac{\pi}{4} \\ &= \frac{1}{2}\frac{1}{\sqrt{2}} - \frac{\sqrt{3}}{2}\frac{1}{\sqrt{2}} = \frac{1-\sqrt{3}}{2\sqrt{2}}\end{aligned}$$

2. $15° = 60° - 45° = \frac{\pi}{3} - \frac{\pi}{4}$

$$\begin{aligned}\tan 15° &= \frac{\tan\frac{\pi}{3} - \tan\frac{\pi}{4}}{1+\left(\tan\frac{\pi}{3}\right)\left(\tan\frac{\pi}{4}\right)} \\ &= \frac{\sqrt{3}-1}{\sqrt{3}+1} = 2-\sqrt{3}\end{aligned}$$

문제 7.10

다음 삼각함수의 값을 구하여라.

1. $\cos 195°$
2. $\tan 165°$
3. $\sin\frac{19}{12}\pi$
4. $\csc\frac{1}{12}\pi$
5. $\sec 75°$
6. $\cot 285°$

덧셈정리를 이용하여 $A\sin x + B\cos x$ 를 사인함수로 표현할 수 있다. 그림 7.24와 같이 좌표점 $(A,\ B)$ 에 대해

$$\frac{A}{\sqrt{A^2+B^2}} = \cos\theta,\ \frac{B}{\sqrt{A^2+B^2}} = \sin\theta$$

인 중심각 $-\pi \le \theta < \pi$ 를 배정하자.

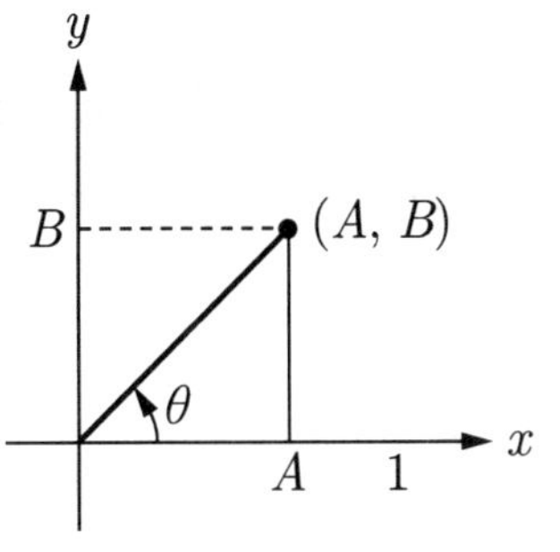

그림 7.24

그러면 사인함수의 덧셈정리로부터

$$\begin{aligned} A\sin x + B\cos x &= \sqrt{A^2+B^2}\left(\frac{A}{\sqrt{A^2+B^2}}\sin x + \frac{B}{\sqrt{A^2+B^2}}\cos x\right) \\ &= \sqrt{A^2+B^2}(\cos\theta\sin x + \sin\theta\cos x) \\ &= \sqrt{A^2+B^2}\sin(x+\theta) \end{aligned}$$

를 얻는다.

예제 7.11

다음 함수의 최댓값, 최솟값, 주기를 구하고 그 그래프를 그려라.

$$y = \sqrt{3}\sin 2x + \cos 2x$$

풀이

점 $(\sqrt{3},\ 1)$ 에 대한 중심각은 $\theta = \frac{\pi}{6}$ 이고, $\cos\frac{\pi}{6} = \frac{\sqrt{3}}{2}$, $\sin\frac{\pi}{6} = \frac{1}{2}$ 이므로

$$\begin{aligned} y &= \sqrt{3}\sin 2x + \cos 2x \\ &= 2\left(\frac{\sqrt{3}}{2}\sin 2x + \frac{1}{2}\cos 2x\right) \\ &= 2\left(\cos\frac{\pi}{6}\sin 2x + \sin\frac{\pi}{6}\cos 2x\right) \\ &= 2\sin\left(2x + \frac{\pi}{6}\right) \end{aligned}$$

이다. 따라서 주어진 함수의 최댓값은 2 이고 최솟값은 -2 , 주기는 π 이다. 그래프는

그림 7.25와 같이 $y=\sin 2x$ 를 $-\frac{\pi}{6}$ 만큼 x 축으로 평행이동시켜 구할 수 있다. (그림 7.25 $y=\sqrt{3}\sin 2x+\cos 2x=2\sin\left(2x+\frac{\pi}{6}\right)$ 의 그래프)

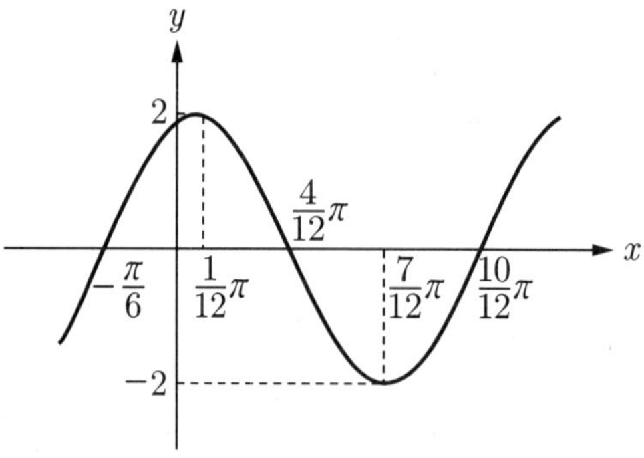

그림 7.25 $y=\sqrt{3}\sin 2x+\cos 2x=2\sin(2x+\frac{\pi}{6})$ 의 그래프

예제 7.12

다음 함수의 주기와 최댓값, 최솟값을 구하여라.

1. $y=-\sin x+\sqrt{3}\cos x$
2. $y=\sin 2x-\cos 2x$

덧셈정리에서 $x=y$ 라 두면 다음 배각의 공식을 얻을 수 있다.

정리 7.7 배각의 공식

$$\sin 2x = 2\sin x\cos x$$

$$\cos 2x = \cos^2 x-\sin^2 x = 2\cos^2 x - 1 = 1-2\sin^2 x$$

$$\tan 2x = \frac{2\tan x}{1-\tan^2 x}$$

예제 7.13

사분면의 각 x 에 대해 $\sin x=\frac{3}{5}$ 이다. 다음을 구하여라.

1. $\sin 2x$
2. $\cos 2x$

풀이

1. x 가 2 사분면의 각이므로 $\cos x < 0$ 이다. 따라서

$$\cos x = -\sqrt{1-\sin^2 x} = -\sqrt{1-\left(\frac{3}{5}\right)^2} = -\frac{4}{5}$$

이다. 그러므로 배각의 공식으로부터

$$\sin 2x = 2\sin x\cos x = 2\left(\frac{3}{5}\right)\left(-\frac{4}{5}\right) = -\frac{24}{25}$$

2. $\cos 2x = 1 - 2\sin^2 x = 1 - 2\left(\frac{3}{5}\right)^2 = \frac{7}{25}$

문제 7.11

다음 각각에 대해 $\sin 2x$ 와 $\cos 2x$ 를 구하여라.

1. $\sin x = \frac{5}{13}$, x 는 1 사분면의 각
2. $\cos x = \frac{4}{5}$, $\csc x < 0$
3. $\tan x = -\frac{1}{3}$, x 는 4 사분면의 각

삼각함수의 식에서 코사인에 대한 배각의 공식을 이용하여 사인과 코사인의 차수를 낮출 수 있다. 이를 반각의 공식이라고 하며 미적분 등에서 자주 활용되는 계산 기술이다.

정리 7.8 반각의 공식

$$\sin^2\frac{x}{2} = \frac{1-\cos x}{2}, \quad \cos^2\frac{x}{2} = \frac{1+\cos x}{2}, \quad \tan^2\frac{x}{2} = \frac{1-\cos x}{1+\cos x}$$

증명 7.7

배각의 공식으로부터

$$\cos x = \cos 2\frac{x}{2} = \cos^2\frac{x}{2} - \sin^2\frac{x}{2} = 1 - 2\sin^2\frac{x}{2}$$

이므로

$$\sin^2\frac{x}{2} = \frac{1-\cos x}{2}$$

이다. 마찬가지로

$$\cos x = \cos 2\frac{x}{2} = \cos^2\frac{x}{2} - \sin^2\frac{x}{2} = 2\cos^2\frac{x}{2} - 1$$

로부터

$$\cos^2\frac{x}{2} = \frac{1+\cos x}{2}$$

가 얻어진다. 또 이 둘로부터

$$\tan^2\frac{x}{2} = \frac{\sin^2\frac{x}{2}}{\cos^2\frac{x}{2}} = \frac{1-\cos x}{1+\cos x}$$

가 유도된다.

예제 7.14

$\sin 15^\circ$ 의 값을 구하여라.

[풀이] $\sin 15^\circ > 0$ 이므로 반각의 공식으로부터

$$\sin 15^\circ = \sin\frac{30^\circ}{2} = \sqrt{\frac{1-\cos 30^\circ}{2}} = \frac{\sqrt{2-\sqrt{3}}}{2}$$

이다.

문제 7.12

다음 삼각함수의 값을 구하여라.

1. $\cos 22.5^\circ$
2. $\cos 195^\circ$
3. $\tan\frac{\pi}{8}$
4. $\sec\frac{9}{8}\pi$

예제 7.15

$\sin^2 x\cos^2 x$ 를 일차의 코사인함수로 나타내어라.

[풀이] $\sin^2 x\cos^2 x = \frac{1}{2}\sin 2x$ 이므로

$$\sin^2 x\cos^2 x = \frac{1}{4}\sin^2 2x = \frac{1}{4}\left(\frac{1-\cos 4x}{2}\right) = \frac{1}{8}(1-\cos 4x).$$

문제 7.13

다음을 일차의 코사인함수로 나타내어라.

1. $\sin^4 x$
2. $\cos^4 x$

덧셈정리와 뺄셈정리를 써서 삼각함수의 곱을 삼각함수의 합으로 또는 합을 곱으로 전환 시킬 수 있다. 먼저 곱을 합으로 전환하는 공식에 대해 알아보자.

정리 7.9 곱을 합으로 전환하는 공식

$$\sin x \cos y = \frac{1}{2}[\sin(x+y) + \sin(x-y)]$$

$$\cos x \sin y = \frac{1}{2}[\sin(x+y) - \sin(x-y)]$$

$$\cos x \cos y = \frac{1}{2}[\cos(x+y) + \cos(x-y)]$$

$$\sin x \sin y = -\frac{1}{2}[\cos(x+y) - \cos(x-y)]$$

증명 7.8

사인함수의 덧셈과 뺄셈정리로부터

$$\sin(x+y) = \sin x \cos y + \cos x \sin y,$$
$$\sin(x-y) = \sin x \cos y - \cos x \sin y$$

이고 이를 각각 더하고 빼면

$$\sin(x+y) + \sin(x-y) = 2\sin x \cos y,$$
$$\sin(x+y) - \sin(x-y) = 2\cos x \sin y$$

이므로

$$\sin x \cos y = \frac{1}{2}[\sin(x+y) + \sin(x-y)],$$
$$\cos x \sin y = \frac{1}{2}[\sin(x+y) - \sin(x-y)]$$

가 얻어진다. 마찬가지로 코사인함수의 덧셈과 뺄셈정리에 위와 같은 과정을 적용하여 나머지 두 공식을 유도할 수 있다.

예제 7.16

다음 삼각함수의 값을 구하여라.

1. $\sin 7.5° \cos 37.5°$
2. $\sin 7.5° \sin 37.5°$

풀이

1. $37.5° + 7.5° = 5°$, $37.5° - 7.5° = 30°$ 인 특수각이므로 곱을 합으로 전환하는 공식을 적용하여 계산한다.

$$\begin{aligned}\sin 7.5° \cos 37.5° &= \frac{1}{2}\left[\sin(7.5° + 37.5°) + \sin(7.5° - 37.5°)\right] \\ &= \frac{1}{2}\left[\sin 45° - \sin 30°\right] \\ &= \frac{1}{2}\left[\frac{\sqrt{2}}{2} - \frac{1}{2}\right] = \frac{\sqrt{2}-1}{4}\end{aligned}$$

2. $37.5° + 7.5° = 5°, 37.5° - 7.5° = 30°$ 인 특수각이므로 곱을 합으로 전환하는 공식을 적용하여 계산한다.

$$\begin{aligned}\sin 7.5° \sin 37.5° &= -\frac{1}{2}\left[\cos(7.5° + 37.5°) - \cos(7.5° - 37.5°)\right] \\ &= -\frac{1}{2}\left[\cos 45° - \cos 30°\right] \\ &= -\frac{1}{2}\left[\frac{\sqrt{2}}{2} - \frac{\sqrt{3}}{2}\right] = \frac{\sqrt{3}-\sqrt{2}}{4}\end{aligned}$$

문제 7.14

다음 삼각함수의 값을 구하여라.

1. $\cos 97.5° \sin 52.5°$
2. $\cos 97.5° \cos 52.5°$

한편, 곱을 합으로 전환하는 공식

$$\sin u \cos v = \frac{1}{2}[\sin(u+v) + \sin(u-v)]$$

에서 $u + v = x, u - v = y$ 라고 두면

$$u = \frac{x+y}{2}, v = \frac{x-y}{2}$$

이므로 이것으로부터 합을 곱으로 전환하는 공식

$$\sin x + \sin y = 2\sin\frac{x+y}{2}\cos\frac{x-y}{2}$$

를 얻을 수 있다. 마찬가지로 곱을 합으로 전환하는 다른 공식에도 이를 적용하여 합을 곱으로 전환하는 다음 공식을 유도할 수 있다.

정리 7.10 합을 곱으로 전환하는 공식

$$\begin{aligned}\sin x + \sin y &= 2\sin\frac{x+y}{2}\cos\frac{x-y}{2}\\ \sin x - \sin y &= 2\cos\frac{x+y}{2}\sin\frac{x-y}{2}\\ \cos x + \cos y &= 2\cos\frac{x+y}{2}\cos\frac{x-y}{2}\\ \cos x - \cos y &= -2\sin\frac{x+y}{2}\sin\frac{x-y}{2}\end{aligned}$$

예제 7.17

$\dfrac{\sin 5x - \sin 3x}{\cos 5x + \cos 2x} = \tan x$ 가 성립함을 보여라.

[풀이] 분모와 분자를 곱의 형식으로 전환하면

$$\begin{aligned}\frac{\sin 5x - \sin 3x}{\cos 5x + \cos 2x} &= \frac{2\cos\dfrac{5x+3x}{2}\sin\dfrac{5x-3x}{2}}{2\cos\dfrac{3x+x}{2}\cos\dfrac{3x-x}{2}}\\ &= \frac{2\cos 2x\sin x}{2\cos 2x\cos x}\\ &= \frac{\sin x}{\cos x} = \tan x\end{aligned}$$

가 성립한다.

문제 7.15

다음이 성립함을 보여라.

$$\frac{\sin(x+y) - \sin(x-y)}{\cos(x+y) + \cos(x-y)} = \tan y$$

연습문제

1. 다음 값을 구하여라.

(a) $\sin 165^\circ$

(b) $\cos \frac{1}{12}\pi$

(c) $\tan 15^\circ$

(d) $\csc 112.5^\circ$

(e) $\sin \frac{1}{12}\pi + \sin \frac{5}{12}\pi$

(f) $\cos 255^\circ - \cos 195^\circ$

(g) $\sin 7.5^\circ + \sin 37.5^\circ$

(h) $\cos 80^\circ \cos 20^\circ + \sin 80^\circ \sin 20^\circ$

2. 삼각형 ABC 에서 $\angle A = \frac{\pi}{6}$, $\angle B = \frac{\pi}{4}$ 이고 $\overline{BC} = 100$ 일 때, $\overline{AC}$ 를 구하여라.

3. x 는 예각, y 는 둔각이고, $\sin x = \frac{13}{14}$, $\sin y = \frac{11}{14}$ 일 때, $\sin(x+y), \cos(x+y)$ 를 구하여라.

4. $\sec x = \frac{3}{2}$, $\sin x < 0$ 일 때, 각각 $\sin 2x$, $\cos 2x$, $\tan 2x$ 를 구하여라.

5. $\cos x = -\frac{4}{5}$ 이고 x 가 3 사분면의 각일 때 각각 $\sin \frac{x}{2}$, $\cos \frac{x}{2}$, $\tan \frac{x}{2}$ 를 구하여라.

6. 다음을 일차의 코사인함수로 나타내어라.

(a) $\sin^2 x \cos^4 x$

(b) $\cos^6 x$

7. 다음 3 배각의 공식이 성립함을 보여라.

$$\sin 3x = 3\sin x - 4\sin^3 x$$

$$\cos 3x = 4\cos^3 x - 3\cos x$$

$$\tan 3x = \frac{3\tan x - \tan^3 x}{1 - 3\tan^2 x}$$

제 8 장
행렬

8.1 행렬의 개념

수 또는 문자를 직사각형 또는 정사각형으로 배열한 것을 **행렬**(matrix)이라고 한다. 즉 mn 개의 원소(elements) $a_{ij}(i = 1,\ 2,\ \cdots,\ m,\ j = 1,\ 2,\ \cdots,\ n)$ 를 다음과 같이 나타낸 것을 $m \times n$ 행렬이라고 한다.

$$A = \begin{bmatrix} a_{11} & a_{12} & \cdots & a_{1n} \\ a_{21} & a_{22} & \cdots & a_{2n} \\ \vdots & \vdots & \ddots & \vdots \\ a_{m1} & a_{m2} & \cdots & a_{mn} \end{bmatrix}$$

여기에서 a_{ij} 는 i 번째 행(row)과 j 번째 열(column)의 원소를 나타내며, 대문자 A 로 표기한다. 이를 간단하게 다음과 같이 표현하기도 한다.

$$A = (a_{ij}), \quad i = 1,\ 2,\ \cdots,\ m,\ j = 1,\ 2,\ \cdots,\ n$$

행과 열의 수를 나타내는 $m \times n$ 을 **행렬의 차원**(dimension)이라고 부르며, 특별히 행렬 A 에서 $m = n$ 일 때 A 를 **정방행렬**(square matrix)이라 정의한다.

정방행렬 A 의 원소 $a_{11},\ a_{22},\ \cdots,\ a_{mm}$ 을 대각원소(diagonal element)라고 부르며, 대각선 원소만이 0 이 아닌 값을 가질 수 있고 그 외의 모든 원소는 모두 0 인 행렬을 대각행렬 (diagonal matrix)이라 정의한다.

다음은 대각행렬이다.

$$A = \begin{pmatrix} 1 & 0 & 0 \\ 0 & 3 & 0 \\ 0 & 0 & 5 \end{pmatrix}$$

$n \times n$ 행렬에서 대각선의 원소가 모두 1 이고 나머지는 모두 0 인 대각행렬을 $n \times n$ **단위행렬**이라 하고, I_n 으로 표기한다.

다음은 단위행렬이다.

$$I_3 = \begin{pmatrix} 1 & 0 & 0 \\ 0 & 1 & 0 \\ 0 & 0 & 1 \end{pmatrix}$$

임의의 행렬 $A = (m \times n)$ 에서 행렬 A 의 행과 열을 서로 바꾸어 놓은 행렬을 행렬 A 의 **전치행렬**(transpose matrix)이라고 정의하며 A' 또는 $A^\top$ 로 표기한다. 다음은 행렬 A 와 A 의 전치행렬 A' 의 예이다.

$$A = \begin{pmatrix} 1 & 2 & 3 \\ 4 & 5 & 6 \end{pmatrix}, \quad A' = \begin{pmatrix} 1 & 4 \\ 2 & 5 \\ 3 & 6 \end{pmatrix}$$

즉, 행렬 A 가 $m \times n$ 이면, A 의 전치행렬 A' 은 $n \times m$ 이 된다.

정방행렬 $A_{n \times n} = (a_{ij})$ 의 모든 i, j 에 대하여 $a_{ij} = a_{ji}$ 가 성립하면, 즉 $A = A'$ 이면 A 를 **대칭행렬**(symmetric matrix)이라 정의한다.

다음은 대칭행렬이다.

$$A = \begin{pmatrix} 1 & 2 & 3 \\ 2 & 4 & 5 \\ 3 & 5 & 6 \end{pmatrix}, \quad B = \begin{pmatrix} 1 & -1 \\ -1 & 1 \end{pmatrix}$$

벡터(vector)는 열이 하나인 행렬이다. 즉 크기가 $m \times 1$ 인 행렬이다. 이를 특별히 m 차 **열벡터**(column vector)라 한다. 이것과는 달리 **행벡터**(row vector)는 $1 \times n$ 행렬이며, 하나의 행으로 구성된다. 벡터는 흔히 영어의 소문자 $a, b, c, \cdots$ 등으로 표기하며, 원소가 모두 1 인 $n \times 1$ 벡터를 n 차 **단위벡터**(unit vector) 1 로 쓰기도 한다.

예제 8.1

행렬 A 에 대하여 다음 질문에 답하여라.

$$A = \begin{pmatrix} 4 & 5 & 7 \\ 2 & 0 & -1 \end{pmatrix}$$

1. 제2행의 원소를 구하여라.

2. 제3열의 원소를 구하여라.

3. (2, 3) 원소와 $(1, 2)$ 원소를 구하여라.

풀이

1. 2, 0, -1 2. 7, -1 3. $a_{23} = -1$, $a_{12} = 5$

문제 8.1

행렬 B 에 대하여 다음 질문에 답하라.

$$B = \begin{pmatrix} 2 & 3 \\ -7 & 1 \\ 4 & 5 \end{pmatrix}$$

1. 제3행의 원소를 구하여라.

2. 행렬 B 의 전치행렬을 구하여라.

8.2 행렬의 연산

○ 행렬의 합과 차

두 행렬의 합과 차는 두 행렬의 차원이 동일할 때만 정의한다. 즉, $m \times n$ **행렬** $A = (a_{ij})$ **와** $B = (b_{ij})$ **의 합과 차는** 다음과 같다.

$$A \pm B = \begin{pmatrix} a_{11} \pm b_{11} & a_{12} \pm b_{12} & \cdots & a_{1n} \pm b_{1n} \\ a_{21} \pm b_{21} & a_{22} \pm b_{22} & \cdots & a_{2n} \pm b_{2n} \\ \vdots & \vdots & \ddots & \vdots \\ a_{m1} \pm b_{m1} & a_{m2} \pm b_{m2} & \cdots & a_{mn} \pm b_{mn} \end{pmatrix}$$

행렬 A 와 B 의 대응하는 원소의 합과 차를 각 원소로 하는 행렬을 A 와 B 의 합 또는 차 라하고, $A \pm B$ 로 나타낸다.

$$\begin{pmatrix} 1 & 2 & 3 \\ 4 & 5 & 6 \end{pmatrix} + \begin{pmatrix} 2 & 1 & 1 \\ -1 & 0 & -2 \end{pmatrix} = \begin{pmatrix} 3 & 3 & 4 \\ 3 & 5 & 4 \end{pmatrix}$$

$$\begin{pmatrix} 1 & 2 & 3 \\ 4 & 5 & 6 \end{pmatrix} - \begin{pmatrix} 2 & 1 & 1 \\ -1 & 0 & -2 \end{pmatrix} = \begin{pmatrix} -1 & 1 & 2 \\ 5 & 5 & 8 \end{pmatrix}$$

○ **행렬의 곱**

두 행렬 A, B 의 곱이 성립하기 위해서는 A 의 열의 수와 B 의 행의 수가 같아야만 한다. 이런 경우 행렬 A 와 B 는 **적합**(conformable)하다고 한다. 즉, 행렬 A 는 $(m \times n)$ 이고, B 가 $(n \times p)$ 일 때, 두 **행렬** A, B **의 곱** AB 를 정의할 수 있으며, 곱을 $C = (c_{ij})$ 라 하면

$$c_{ij} = a_{i1}b_{1j} + a_{i2}b_{2j} + \cdots + a_{in}b_{nj} = \sum_{k=1}^{n} a_{ik}b_{kj}$$

이고 그 차원은 $m \times p$ 가 된다.

예제 8.2

행렬 A 와 B 가

$$A = \begin{pmatrix} 3 & 1 & 5 \\ -2 & 1 & 3 \end{pmatrix}, \quad B = \begin{pmatrix} 1 & 1 \\ 0 & 2 \\ 3 & 0 \end{pmatrix}$$

일 때, 두 행렬의 곱 AB 를 구하여라.

풀이

행렬 A 의 열의 수와 B 의 행의 수가 동일하므로 곱을 구할 수 있다.

$$\begin{aligned} AB &= \begin{pmatrix} 3 & 1 & 5 \\ -2 & 1 & 3 \end{pmatrix} \begin{pmatrix} 1 & 1 \\ 0 & 2 \\ 3 & 0 \end{pmatrix} \\ &= \begin{pmatrix} (3\times 1)+(1\times 0)+(5\times 3) & (3\times 1)+(1\times 2)+(5\times 0) \\ (-2\times 1)+(1\times 0)+(3\times 3) & (-2\times 1)+(1\times 2)+(3\times 0) \end{pmatrix} \\ &= \begin{pmatrix} 18 & 5 \\ 7 & 0 \end{pmatrix} \end{aligned}$$

문제 8.2

행렬 A 와 B 가

$$A = \begin{pmatrix} 3 & -1 \\ 2 & 1 \\ 4 & 0 \end{pmatrix}, \quad B = \begin{pmatrix} 1 & -1 \\ 2 & 5 \end{pmatrix}$$

일 때, 두 행렬의 곱 AB 를 구하여라.

$m \times n$ 행렬 A 에 대하여 k 를 임의의 상수라 할 때 행렬 A 의 각 원소에 k 배 한 값을 원 소로 하는 행렬을 A 의 k 배라 하고, kA 로 표기한다.

예제 8.3

$$A = \begin{pmatrix} 1 & -2 & 1 \\ 0 & 3 & 0 \end{pmatrix} \text{ 일 때 } 2A = 2\begin{pmatrix} 1 & -2 & 1 \\ 0 & 3 & 0 \end{pmatrix} = \begin{pmatrix} 2 & -4 & 2 \\ 0 & 6 & 0 \end{pmatrix}$$

문제 8.3

행렬 A

$$A = \begin{pmatrix} 2 & 1 & -3 \\ 1 & 2 & 4 \end{pmatrix}$$

일 때,

1. $2A$ 를 구하여라. 2. $(2I_2) \times A$ 를 구하여라.

○ **행렬식**

정방행렬 $A = (a_{ij})$ 의 **행렬식**(determinant)은 $|A|$ 또는 $\det(A)$ 로 표기하며, 행렬 A 가 2×2 행렬이면,

$$|A| = \begin{vmatrix} a_{11} & a_{12} \\ a_{21} & a_{22} \end{vmatrix} = a_{11}a_{22} - a_{12}a_{21}$$

로 정의한다. 또 $n \times n$ $(n \geq 2)$ 행렬 $A = (a_{ij})$ 에서 i 번째 행과 j 번째 열을 제거한 나머지 $(n-1) \times (n-1)$ 행렬의 행렬식을 M_{ij} (**소행렬식**, minor)라 표기하고

$$A_{ij} = (-1)^{i+j} M_{ij}$$

를 원소 a_{ij} 의 **여인수**(cofactor)라 부른다. 행렬 A 의 행렬식은 다음과 같이 정의한다.

$$|A| = \sum_{j=1}^{n} a_{ij}A_{ij}, \quad i = 1, 2, \cdots, n$$

예제 8.4

행렬 A 가 3×3 일 때,

$$\begin{aligned}
|A| = \begin{vmatrix} a_{11} & a_{12} & a_{13} \\ a_{21} & a_{22} & a_{23} \\ a_{31} & a_{32} & a_{33} \end{vmatrix} &= \sum_{j=1}^{n} a_{1j}A_{1j} \\
&= a_{11}A_{11} + a_{12}A_{12} + a_{13}A_{13} \\
&= a_{11}\begin{vmatrix} a_{22} & a_{23} \\ a_{32} & a_{33} \end{vmatrix} + a_{12}^{(-1)}\begin{vmatrix} a_{21} & a_{23} \\ a_{31} & a_{33} \end{vmatrix} + a_{13}\begin{vmatrix} a_{21} & a_{22} \\ a_{31} & a_{32} \end{vmatrix} \\
&= a_{11}a_{22}a_{33} - a_{11}a_{23}a_{32} - a_{12}a_{21}a_{33} + a_{12}a_{23}a_{31} + a_{13}a_{21}a_{32} + a_{13}a_{22}a_{31}
\end{aligned}$$

이다.

문제 8.4

다음 행렬의 행렬식을 계산하여라.

1. $A = \begin{pmatrix} 1 & 4 & 0 \\ 2 & -1 & 2 \\ 5 & -2 & 0 \end{pmatrix}$

2. $B = \begin{pmatrix} 1 & 2 & 0 & 3 \\ 1 & 1 & 2 & 4 \\ 3 & 2 & 1 & 0 \\ 3 & 4 & 5 & 2 \end{pmatrix}$

연습문제

1. 행렬 A 와 B 가 주어졌을 때 두 행렬의 곱 AB 와 BA 를 각각 구하고, AB 와 BA 가 같은지를 비교하여라.

   (a) $A = \begin{pmatrix} 1 & 2 \\ -1 & 3 \end{pmatrix}$, $B = \begin{pmatrix} 2 & 2 \\ 3 & 1 \end{pmatrix}$

   (b) $A = \begin{pmatrix} 1 & -1 \\ 1 & 1 \end{pmatrix}$, $B = \begin{pmatrix} 2 & -1 \\ 1 & 2 \end{pmatrix}$

   (c) $A = \begin{pmatrix} 1 & 5 \\ 4 & -2 \end{pmatrix}$, $B = I = \begin{pmatrix} 1 & 0 \\ 0 & 1 \end{pmatrix}$

2. 다음 행렬의 행렬식을 각각 구하여라.

   (a) $\begin{pmatrix} 1 & 4 & 0 \\ 2 & -1 & 2 \\ 5 & -2 & 0 \end{pmatrix}$

   (b) $\begin{pmatrix} 3 & 4 & -2 \\ 0 & 0 & 0 \\ 2 & -1 & 5 \end{pmatrix}$

8.3 역행렬

$n \times n$ 행렬 A에 대하여 다음 식

$$AB = BA = I_n$$

을 만족하는 $n \times n$ 행렬 B가 존재하면 B를 행렬 A의 **역행렬**(**inverse matrix**)이라 정의하고, A^{-1}로 표기한다.

예제 8.5

다음 행렬 A의 역행렬을 정의에 의해 구하여라.

$$A = \begin{pmatrix} 2 & 5 \\ 3 & 8 \end{pmatrix}$$

풀이

행렬 A의 역행렬이 존재한다고 가정하고, A의 역행렬 A^{-1}을 아래와 같이 놓는다.

$$A^{-1} = \begin{pmatrix} x & y \\ z & w \end{pmatrix}$$

역행렬의 정의에 의해

$$AA^{-1} = I$$

이므로

$$\begin{pmatrix} 2 & 5 \\ 3 & 8 \end{pmatrix} \begin{pmatrix} x & y \\ z & w \end{pmatrix} = \begin{pmatrix} 1 & 0 \\ 0 & 1 \end{pmatrix}$$

이다. 위의 식을 전개하면

$$2x + 5z = 1,$$

$$3x + 8z = 0,$$

$$2y + 5w = 0,$$

$$3y + 8w = 1$$

이므로, 4차원 1차 연립방정식이 된다. 이를 풀면

$$
\begin{aligned}
x &= 8, \\
z &= -3, \\
y &= -5, \\
w &= 2
\end{aligned}
$$

가 되며, 구하려는 역행렬은 다음과 같다.

$$A^{-1} = \begin{pmatrix} 8 & -5 \\ -3 & 2 \end{pmatrix}$$

문제 8.5

다음 행렬의 역행렬을 정의에 의해 구하여라.

$$A = \begin{pmatrix} 1 & 2 \\ 0 & 1 \end{pmatrix}$$

$n \times n$ 행렬 $A = (a_{ij})$의 역행렬 A^{-1}을 구하는 공식은 다음과 같다.

$$A^{-1} = \frac{1}{|A|} \begin{bmatrix} A_{11} & A_{21} & \cdots & A_{n1} \\ A_{12} & A_{22} & = cdots & A_{n2} \\ \vdots & \vdots & \ddots & \vdots \\ A_{1n} & A_{2n} & \cdots & A_{nn} \end{bmatrix}$$

여기에서 원소 a_{ij}의 여인수 $A_{ij} = (-1)^{i+j} M_{ij}$이다.

예제 8.6

다음 행렬의 역행렬을 구하여라.

$$A = \begin{pmatrix} 2 & 3 \\ 1 & 4 \end{pmatrix}$$

[풀이]

$$|A| = 2 \times 4 - 3 \times 1 = 5$$

$$A_{11} = M_{11} = 4$$

$$A_{12} = -M_{12} = -1$$

$$A_{21} = -M_{21} = -3$$

$$A_{22} = M_{22} = 2$$

$$\therefore A^{-1} = \frac{1}{5}\begin{bmatrix} 4 & -3 \\ -1 & 2 \end{bmatrix}$$

예제 8.7

다음 행렬의 역행렬을 여인수를 이용하여 구하여라.

$$B = \begin{pmatrix} 1 & -2 \\ 3 & -2 \end{pmatrix}$$

예제 8.8

다음 행렬의 역행렬을 구하여라.

$$B = \begin{pmatrix} 1 & 3 & 2 \\ 1 & 4 & 1 \\ 1 & 2 & 2 \end{pmatrix}$$

$$|B| = \begin{vmatrix} 4 & 1 \\ 2 & 2 \end{vmatrix} - 3\begin{vmatrix} 1 & 1 \\ 1 & 2 \end{vmatrix} + 2\begin{vmatrix} 1 & 4 \\ 1 & 2 \end{vmatrix} = 6 - 3 - 4 = -1$$

$$B_{11} = \begin{vmatrix} 4 & 1 \\ 2 & 2 \end{vmatrix} 6,\ B_{12} = 1\begin{vmatrix} 1 & 1 \\ 1 & 2 \end{vmatrix} = -1,\ B_{13} = \begin{vmatrix} 1 & 4 \\ 1 & 2 \end{vmatrix} = -2,\ B_{21} = -\begin{vmatrix} 3 & 2 \\ 2 & 2 \end{vmatrix} = -2$$

[풀이]

$$B_{22} = \begin{vmatrix} 1 & 2 \\ 1 & 2 \end{vmatrix} = 0, B_{23} = -\begin{vmatrix} 1 & 3 \\ 1 & 2 \end{vmatrix} = 1$$

$$B_{31} = \begin{vmatrix} 3 & 2 \\ 4 & 1 \end{vmatrix} = -5,\ B_{32} = -\begin{vmatrix} 1 & 2 \\ 1 & 1 \end{vmatrix} = 1,\ B_{32} = 1\begin{vmatrix} 1 & 3 \\ 1 & 1 \end{vmatrix} = 1,\ B_{33}\begin{vmatrix} 1 & 3 \\ 1 & 4 \end{vmatrix} = 1$$

따라서$B^{-1} = -1\begin{pmatrix} 6 & -2 & -5 \\ -1 & 0 & 1 \\ -2 & 1 & 1 \end{pmatrix}$ 이다.

문제 8.6

다음 행렬의 역행렬을 구하여라.

$$C = \begin{pmatrix} 1 & 2 & -2 \\ 3 & 1 & -1 \\ 2 & -1 & 0 \end{pmatrix}$$

정리 8.1

$n \times n$ 행렬 A의 역행렬이 존재할 필요충분조건은 행렬 A의 행렬식이 $|A| \neq 0$이어야 한다.

예제 8.9

다음 행렬의 역행렬은 존재하는가?

$$C = \begin{pmatrix} 1 & 2 \\ 2 & 4 \end{pmatrix}$$

풀이

$|C| = 1 \times 4 - 2 \times 2 = 0$ 따라서 역행렬이 존재하지 않는다.

문제 8.7

다음 행렬의 역행렬은 존재하는가?

$$E = \begin{pmatrix} 1 & 0 & 0 & 0 \\ 0 & 0 & 0 & 1 \\ 0 & 0 & 1 & 0 \\ 0 & 1 & 0 & 0 \end{pmatrix}$$

위의 예를 통하여 임의의 $n \times n$ 행렬 A에 대하여 그 역행렬이 존재하거나 또는 존재하지 않을 수 있음을 보았다. 만약 행렬 A의 역행렬이 존재하는 경우 행렬 A를 **정칙행렬**(**non-singular**)이라 하고, 그렇지 않은 경우 **비정칙행렬**(**singular**)이라 한다.

p개의 $n \times 1$ 벡터 $v_1,\ v_2,\ \cdots,\ v_p$가 있다고 하자. 이 때 상수 $a_1,\ a_2, \cdots, a_p$에 대하여

$$a_1v_1 + a_2v_2 + \cdots + a_pv_p$$

를 벡터 $v_1,\ v_2,\ \cdots,\ v_p$의 **일차결합**(**linear combination**)이라고 정의한다. 주어진 벡터 $v_1,\ v_2,\ \cdots,\ v_p$에 대하여

$$a_1v_1 + a_2v_2 + \cdots + a_pv_p = 0$$

이라 놓아 위의 식을 만족하는 해가 $a_1 = a_2 = \cdots = a_p = 0$이 될 때, $v_1,\ v_2,\ \cdots,\ v_p$는 **일차독립**(**linearly independent**)이라 정의하고, 모든 a_i가 0이 아닌 경우에 등식이 성립하면 벡터 $v_1,\ v_2,\ \cdots,\ v_p$는 **일차종속**이라고 정의한다.

예제 8.10

다음 세 벡터는 일차독립인가?

$$v_1 = \begin{pmatrix} 6 \\ 2 \\ 3 \\ 4 \end{pmatrix},\ v_2 = \begin{pmatrix} 0 \\ 5 \\ -3 \\ 1 \end{pmatrix},\ v_3 = \begin{pmatrix} 0 \\ 0 \\ 7 \\ -2 \end{pmatrix}$$

풀이

상수 a_1, a_2, a_3에 대하여

$$a_1v_1 + a_2v_2 + a_3v_3 = 0$$

이라 놓으면,

$$\begin{pmatrix} 6a_1 \\ 2a_1 + 5a_2 \\ 2a_1 - 3a_2 + 7a_3 \\ 4a_1 + a_2 - 2a_3 \end{pmatrix} = \begin{pmatrix} 0 \\ 0 \\ 0 \\ 0 \end{pmatrix}$$

이다. 따라서

$$a_1 = a_2 = a_3 = 0$$

이므로 v_1, v_2, v_3은 일차독립이다.

문제 8.8

다음 세 벡터는 일차독립인가?

1. $a_1 = \begin{pmatrix} 1 \\ 1 \\ 0 \end{pmatrix}$, $a_2 = \begin{pmatrix} 1 \\ 0 \\ 1 \end{pmatrix}$, $a_3 \begin{pmatrix} 0 \\ 1 \\ 1 \end{pmatrix}$

2. $b_1 = \begin{pmatrix} 1 \\ -1 \\ 4 \end{pmatrix}$, $b_2 = \begin{pmatrix} 1 \\ 0 \\ 6 \end{pmatrix}$, $b_3 \begin{pmatrix} 3 \\ -5 \\ 8 \end{pmatrix}$

벡터 v_1, v_2, v_3를 한군데 모은 다음의 행렬을 보도록 하자.

$$A = \begin{pmatrix} 6 & 0 & 0 \\ 2 & 5 & 0 \\ 3 & -3 & 7 \\ 4 & 1 & -2 \end{pmatrix}$$

이 행렬 A에서 일차독립인 열은 '3'이며, 이를 **행렬 A의 계수(rank)**라고 정의한다.

1. 행렬 A에서 일차독립인 열의 수
2. 행렬 A에서 일차독립인 행의 수

위의 두 정의에서 어느 것을 사용해도 두 값은 동일하며, A의 계수를 $r(A)$로 표기한다. 만약 행렬 A의 차원이 $m \times n$이라면 행렬 A가 가질 수 있는 가장 큰 계수는 $\min(n, m)$이며, 이 때 행렬 A는 **최대 계수(full rank)**를 가진다고 한다.

예제 8.11

다음 행렬의 계수를 구하여라.

$$A = \begin{pmatrix} 6 & 0 & 0 \\ 2 & 5 & 0 \\ 3 & -3 & 7 \\ 4 & 1 & -2 \end{pmatrix}$$

풀이

앞의 예제 9.9에 의하여 행렬 A의 일차독립인 열의 수는 '3'이므로, 행렬 A의 계수 $r(A)$는 3이다.

문제 8.9

다음 행렬의 계수를 각각 구하여라.

1. $A = \begin{pmatrix} 1 & 1 & 0 \\ 1 & 0 & 1 \\ 0 & 1 & 1 \end{pmatrix}$

2. $B = \begin{pmatrix} 1 & 1 & 3 \\ -1 & 0 & -5 \\ 4 & 6 & 8 \end{pmatrix}$

연습문제

1. 다음 행렬의 역행렬을 정의 또는 역행렬 공식을 이용하여 각각 구하여라.

(a) $A = \begin{pmatrix} 1 & -2 \\ 3 & -2 \end{pmatrix}$　　(b) $B = \begin{pmatrix} 1 & 1 & -1 \\ 1 & 2 & 1 \\ 2 & 0 & -5 \end{pmatrix}$

2. 다음 세 벡터들이 일차독립인지 아닌지를 보여라.

(a) $v_1 \begin{pmatrix} 2 \\ 1 \\ 3 \\ 1 \end{pmatrix}, v_2 = \begin{pmatrix} 1 \\ 2 \\ -1 \\ 0 \end{pmatrix}, v_3 = \begin{pmatrix} 3 \\ 0 \\ 1 \\ 2 \end{pmatrix}$

(b) $a \begin{pmatrix} 1 \\ 3 \\ 2 \end{pmatrix}, b = \begin{pmatrix} 3 \\ 2 \\ 5 \end{pmatrix}, c = \begin{pmatrix} 4 \\ 5 \\ 7 \end{pmatrix}$

3. 다음 행렬의 계수를 각각 구하고, 최대 계수인지 밝혀라.

(a) $A = \begin{pmatrix} 1 & 2 \\ 3 & 4 \end{pmatrix}$　　(b) $B = \begin{pmatrix} 1 & 2 & 3 \\ 4 & 5 & 6 \\ 7 & 8 & 9 \end{pmatrix}$

저자와의
합의하에
인지를
생략합니다

기초수학

지은이 송병철 · 김병문 · 손성익 · 김현동
펴낸이 조경희
펴낸곳 경문사
펴낸날 2024년 8월 26일 2판 1쇄
등 록 1979년 11월 9일 제1979-000023호
주 소 04057, 서울특별시 마포구 와우산로 174
전 화 (02)332-2004 팩스 (02)336-5193
이메일 kyungmoon@kyungmoon.com

값 24,000원

ISBN 979-11-6073-733-2